"十三五"国家重点图书出版规划项目
改革发展项目库2017年入库项目

"金土地"新农村书系·果树编

香蕉

优质丰产栽培彩色图说

胡会刚　谢江辉／主编

U0263196

SPM 南方出版传媒
广东科技出版社 | 全国优秀出版社
·广 州·

图书在版编目（CIP）数据

香蕉优质丰产栽培彩色图说/胡会刚，谢江辉主编. —广州：广东科技出版社，2019.11（2021.3重印）

（"金土地"新农村书系·果树编）

ISBN 978-7-5359-7274-3

Ⅰ. ①香… Ⅱ. ①胡…②谢… Ⅲ. ①香蕉—果树园艺—图解 Ⅳ. ①S668.1-64

中国版本图书馆CIP数据核字（2019）第233803号

香蕉优质丰产栽培彩色图说
Xiangjiao Youzhi Fengchan Zaipei Caise Tushuo

出 版 人：朱文清
责任编辑：尉义明
封面设计：柳国雄
责任校对：杨崚松
责任印制：彭海波
出版发行：广东科技出版社
　　　　　（广州市环市东路水荫路 11 号　邮政编码：510075）
销售热线：020-37592148/37607413
http：//www.gdstp.com.cn
E-mail：gdkjzbb@ gdstp.com.cn（编务室）
经　　销：广东新华发行集团股份有限公司
排　　版：创溢文化
印　　刷：广东鹏腾宇文化创新有限公司
　　　　　（珠海市高新区唐家湾镇科技九路 88 号 10 栋　邮政编码：519085）
规　　格：889mm×1 194mm　1/32　印张 4.5　字数 155 千
版　　次：2019 年 11 月第 1 版
　　　　　2021 年 3 月第 2 次印刷
定　　价：28.00 元

如发现因印装质量问题影响阅读，请与广东科技出版社印制室
联系调换（电话：020-37607272）。

　　香蕉是我国著名的热带亚热带水果，深受广大消费者喜欢。新时期农业供给侧改革对香蕉种植提出了更高的要求，如何提高香蕉供给体系的质量和效率，使香蕉产品供给数量充足，品种和质量契合消费者需要，真正形成结构合理、保障有力的香蕉产品有效供给，需要系统地研究香蕉从品种选择到采后全产业链的各因素如何配置。本书系统介绍了香蕉生物学特性、香蕉优良品种、香蕉植株繁育、香蕉建园与栽培管理、香蕉主要病虫害及其防治、香蕉采收和商品化处理等内容，突出香蕉丰产优质栽培技术，旨在提高香蕉果实品质和产量，使香蕉产业健康发展。

　　本书编者均是国家香蕉产业技术体系成员，长期从事香蕉种质资源创制和高效优质栽培技术等相关研究工作，在香蕉优质丰产栽培技术方面积累了一定的经验和研究成果。本书是在查阅大量书籍和参考文献的基础上，结合团队科研成果，对已有成果的梳理和总结，希望能对香蕉产业发展有所促进。本书编写过程中，受到了国家香蕉产业技术体系湛江综合试验站项目（CARS-31-16）的资助，以及国家香蕉产业技术体系各位专家的大力支持，在此一并表示感谢！

　　本书深入浅出，图文并茂，通俗易懂，有较强的实用性，适合广大蕉农和基层农技推广人员参考使用。由于编者水平有限，难免有疏漏错误之处，恳请广大读者批评指正。

编　者

2019 年 6 月

一、香蕉生产概述

（一）栽培历史与现状

香蕉（*Musa nana* Lour.）属于单子叶纲，芭蕉目，芭蕉科（Musaceae），芭蕉属（*Musa*），别名甘蕉。多年生常绿大型草本单子叶植物，染色体基数 X=11，有二倍体、三倍体和四倍体，具有地下大球茎，抽生肉质不定根，无主根，根系缺形成层，球茎上可抽出吸芽，吸芽生长成新的植株。

香蕉是典型的热带亚热带果树，我国的主要产地是云南、广西、广东、海南、福建和台湾等省区。香蕉果肉软滑，风味佳美，且富含多种营养物质，深受消费者欢迎（图1-1）。

图1-1 香蕉植株及果实

1. 栽培历史

香蕉原产南亚、东南亚，以及我国南方，目前国外主栽品种矮香蕉即原产我国华南地区。根据《三辅黄图》记载，在公元前111年前我国已有香蕉的栽种，《南方草木状》《齐民要术》《太平御览》《全芳备祖》《本草纲目》《广东新语》等记载了香蕉的花、果、假茎的描述及红蕉、牙蕉、方蕉、鸡蕉、佛手蕉等品种名称，以及香蕉栽培、加工、药用等内容。1 500 年前，我国的香蕉栽培就已相当发达，在云南南部、广西南部、广东中西部及海南有成片野生蕉林分布（图 1-2）。野生蕉的起源中心从印度绵延到马来西亚、印度尼西亚和巴布亚新几内亚，一些二倍体香蕉逐步演化为无籽蕉。在巴布亚新几内亚，居民房屋四周栽培着无籽二倍体香蕉，而在森林边缘则存在着无籽二倍体香蕉和半野生的突变体香蕉，这说明人类的活动在食用蕉的演化过程中起了重要的作用。

人类以吸芽形式将香蕉传播到了世界各地。东南亚的香蕉在 5—15 世纪传播到了印度洋沿岸地区；16—19 世纪，葡萄牙人和西班牙人把香蕉带往美洲热带地区。在非洲的雨林深处生长着上百种煮食蕉，可能是 3 000 多年前人们从南亚或东南亚引去。

图 1-2　野生蕉

2. 现状

香蕉现在已遍布世界，分布在东、西半球南北纬 30° 以内的热带亚热带地区，超过 130 多个国家有栽培，并成为一些发展中国家的主要食物来源。截至 2017 年底，我国香蕉种植面积 573.67 万亩（亩为废弃单位，1 亩 = 1/15 公顷 ≈ 666.67 米²），居世界第六位（仅次于乌干达、坦桑尼亚、印度、巴西、尼日利亚），我国香蕉总产量 1 289.19 万吨，居世界第一位（图 1-3）。香蕉种植的优势区域发生转移，受劳动力成本、气候变化和香蕉枯萎病等因素的影响，香蕉种植区域的布局由传统的优势产区广东、海南向广西、云南转移，这种趋势正在改变着香蕉产品的竞争格局和市场格局，对传统的香蕉优势种植区域提出了挑战。

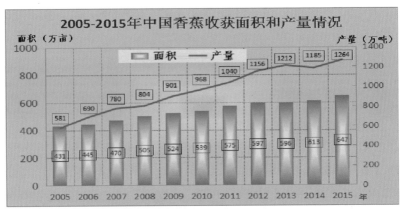

图 1-3　我国香蕉收获面积和产量情况

香蕉生产成本主要是土地成本、人工成本和化肥农药成本，但近年来生产成本上涨过快，加之自然灾害、病虫害的影响，进一步推动我国香蕉生产成本快速上涨。2008—2017 年我国香蕉生产成本年均增速高达 12.3%，2017 年全国香蕉平均生产成本为 7 355 元 / 亩。2015 年以来，我国香蕉价格总体低迷。2017 年我国香蕉产地平均收购价格 2.26 元 / 千克，市场批发价格 4.40 元 / 千克。

近年来，我国香蕉贸易发生了一些变化。一是进口渠道呈现多元化。长期以来我国进口香蕉主要来自菲律宾，占我国进口香蕉总量的 90% 以上。虽然目前菲律宾在我国进口香蕉中仍然占据了绝大多数份额，但这种贸易格局正悄然发生变化，进口渠道已呈现多元化趋势。如厄瓜多尔香蕉出口中国的数量逐年增多，2011 年厄瓜多尔出口中国的香蕉达 8 865 吨，到 2014 年已超过 23.2 万吨，出口金额近 1.85 亿美元，是 2011 年前的 35 倍。墨西哥也正着力开拓中国市场，可以预见，未来几年墨西哥香蕉出口中国的数量会逐年增多。二是进口香蕉数量持续增长。与 2014 年相比，2015 年我国进口香蕉增加约 5.3 万吨，而增加的进口香蕉主要来自厄瓜多尔。三是进口香蕉等级逐年提高。2012 年以前，我国从菲律宾进口的香蕉基本上以 Class B（二级）为主，而菲律宾 Class A（一级）香蕉则输往日本、韩国及中东等市场，近几年此情形正在悄然发生变化，进入中国市场的菲律宾香蕉也基本以 Class A 为主。四是进口商悄然变化。过去我国进口香蕉基本由几家国际水果大公司所垄断，而中国香蕉进口贸易商则扮演着跟班的角色。随着国际水果大公司纷纷离开中国市场，中国香蕉进口贸易商的角色也发生了根本变化，由过去的跟班演变为现在的与国际水果大公司一起争夺市场。五是运输数量和形式发生了改变。从过去冷藏船到现在的冷柜箱，从过去的几大水果公司每船十几万件到现在的个体经营者几个集装箱，整个群体发生了变化。

（二）生产存在问题与对策

1. 香蕉生产存在的问题

（1）香蕉枯萎病危害严重

香蕉枯萎病是由尖孢镰刀菌古巴专化型［*Fusarium oxysporum* Schlect. f. sp. *cubense*（E. F. Smith）Snyder and Hansen，FOC］侵染香蕉根部引起的一种毁灭性的土传真菌病害，其中热带 4 号生理小种（tropical race 4，TR4 FOC）的致病力超越以往的菌株，各种类型的香蕉，尤其是我国的主栽品种香牙蕉类型均可感染这种菌株（图1-4）。香蕉枯萎病已对我国大部分主产区造成了严重危害，导致香蕉减产，甚至绝收，严重威胁香蕉产业发展。目前在国家香蕉产业体系的支持下，已有一些有效的防控措施，但绝对的根治还是很难，同时还缺乏简便的抗病栽培技术和优良抗病品种。

图1-4　香蕉枯萎病发病蕉园

（2）品种结构单一

目前国内香蕉主要栽培品种是巴西蕉、威廉斯系列品种，这两个品系种植面积占总种植面积的90%以上。品种单一会给香蕉生产带来很多问题，如主栽品种相似性高，难以满足不同生态区域和不同市场选择的需要；无法有效满足生产急切需要抗逆性强的品种，如抗枯萎病、抗寒、抗旱、耐贮运等品种。

（3）轻简化和标准化栽培技术少

目前人工成本不断上涨及蕉工日趋短缺，香蕉种植需要进一步降低生产成本，才能维持竞争力，轻简化和标准化栽培技术可有效降低生产成本。我国香蕉种植企业规模普遍偏小，再加上行业间缺乏务实合作关系，致使标准化生产难以推行，同时因为一味追求香蕉园高产，也使轻简化栽培难以进行，最终香蕉生产成本越来越高，生产风险也随之加大。

（4）采后保鲜与加工环节薄弱

国产香蕉与进口香蕉在外观品质上差距大，由于国内香蕉采收及采后处理手段落后，极易导致果实产生机械伤，香蕉催熟后，表皮产生斑点与黑斑，严重影响香蕉果实的外观品质（图1-5）。我国鲜香蕉产地价格波动较大，缺乏深加工，蕉农面临较大的市场风险，香蕉产业的健康发展受到严重制约。香蕉加工可进一步拉长香蕉产业链，提高产业附加值，有利于稳定香蕉价格和保障蕉农收入。

图1-5 采后外观品质差别

（5）销售组织化程度较弱

绝大多数香蕉种植企业纵向一体化程度较低，很难分享到种苗销售、农资销售、果实加工、运输和销售等各个环节的利润，这种局面必然加大香蕉种植者的风险。同时，由于缺乏专业的香蕉销售组织，香蕉丰产后销售价格低，香蕉滞销等问题严重，我国香蕉产业中蕉农经常存在丰产不丰收的情况，已严重影响到香蕉种植者的积极性。

2. 对策

（1）推广抗病品种和枯萎病综合防控技术

我国已先后培育出南天黄、宝岛蕉、中蕉系列、桂蕉9号和农科1号等抗枯萎病品种，加大力度研发抗病品种的配套栽培和保鲜技术，推广抗病品种是抗香蕉枯萎病重要的途径（图1-6）。根据香蕉不同种植生态区域、种植模式、枯萎病发病情况和流行规律，从抗病品种选育，无病二级种苗的生产技术研发，抗病品种的配套生产技术研发（包括肥水管理、病虫害防控和采后保鲜），土壤调理（包括酸性土壤改良、土壤有机质提升和土壤微生物多样性调节）等方面加大香蕉枯萎病综合防控技术研发力度，并依托国家香蕉产业技术体系综合试验站在不同生态区域大力推广。

图1-6 抗枯萎病品种试验示范

（2）增强新品种选育能力，大力推进杂交育种研究

针对高产、优质、抗病、抗寒等特性，广泛收集国外香蕉优良种质资源，筛选出适合我国使用的优良品种，同时通过杂交育种、诱变育种、细胞工程育种等多种育种技术，重点培育具有耐贮、耐低温、抗性强，特别是抗叶斑病、枯萎病、黑星病等主要香蕉病害的新品种。由于杂交育种可极大的扩展香蕉新品种的遗传背景，整合双亲的优良性状，并可产生多种超亲性状，对品种多样化有很好的作用，因此可大力发展杂交育种（图1-7）。

图1-7　香蕉杂交育种

（3）研发轻简化和标准化栽培技术

加大研发香蕉生产机械化技术（图1-8），生产机械化包括建园环节的机耕，生产环节的滴灌设施与无人机应用等，采后环节的机械化采收、包装与催熟等，同时研发减肥、减药和水肥一体化技术等，使香蕉生产轻简化。从香蕉种植每个阶段入手，制定各项标准，最后整合在示范园集成示范，推广标准化栽培技术。

图 1-8　香蕉园机械化利用

（4）强化采后保鲜技术和加工技术

加强香蕉冷链保鲜技术研发，特别是增强冷链运输能力，有效调节上市时间和上市量。针对国内地形多变的香蕉基地，开发简便、实用及投资成本较低的无损伤机械化采收、转运与采后处理的关键技术与装备，保证香蕉从采摘、落梳、修整、洗涤到保鲜、风干和包装等环节不落地，最大限度地防止采收及运输过程中的机械损伤，以提高香蕉商品化质量和标准化生产程度，提高经济效益，降低劳动强度。建立标准化保鲜包装及催熟技术规程。加大力度研发加工技术，开发香蕉产品，对香蕉假茎和香蕉加工副产物综合利用技术也应重点研发（图 1-9）。

图 1-9　香蕉加工副产物综合利用（右图为果轴青贮饲料成品）

（5）重视种植和销售规划

成立香蕉合作社等组织，加大种植和销售规划，除了控制整体的香蕉栽培面积外，还需要提高香蕉品质，增强香蕉国内外竞争力；延长香蕉产业链（精深加工等），加大香蕉营养成分或香蕉文化的宣传力度；打通香蕉的销售环节，使香蕉不愁卖，产生高收益，从而促进香蕉产业发展。

二、香蕉生物学特性

（一）形 态 特 性

1.植株形态

香蕉植株为多年生常绿大型草本果树，其高度因品种及栽培环境条件不同而差异较大，一般2~7米。香蕉的植株形态可分为地上部和地下部2大部分。香蕉地上部分包括粗大、直立并层叠抱合而成的假茎，弧形叶鞘，瓦状叶柄和宽大巨型的叶片及由假茎中心抽出的果穗和花蕾等组成（图2-1）。

图2-1 香蕉地上部分植株形态

新叶均由假茎中心抽出展开，在花芽分化前夕，地下茎顶端分生组织向地面生长发育成气生茎，继而形成花蕾从假茎中心抽出，裸露出假茎的气生茎称为果穗轴。香蕉地下部包括粗大的球茎和从球茎四周长出的许多肉质根。一般球茎叶腋下长有 1 个或多个潜伏芽，在营养生长中后期可能萌发成吸芽，抽出地面，吸芽与母株组成蕉丛。香蕉植株生长发育到一定阶段时，生长点停止抽生叶片而进行生殖分化，形成花芽，待花芽分化成熟后便从假茎顶部中心抽出穗状花序，先开雌花，再开两性花（也称中性花），最后开雄花，最终雌花逐渐发育成果实。

香蕉的叶姿可根据最下面叶片与假茎之间的夹角将其分为直立型、开张型和下垂型。

2. 根

香蕉的根系属须根系（图 2-2），没有主根，由不定根、簇生根（丛生根）和根毛组成。香蕉根细长，粗 5~8 毫米，肉质、易

图 2-2　香蕉的根系

断，新根白色，生长后期木栓化，呈淡黄色或浅褐色。这些原生根可分生出众多比它细小的次生根，主要发生于原生根的末端，而次生根上又会长有许多根毛。香蕉的根系是香蕉吸收利用养分、水分的主要器官，也是固定香蕉植株，防止香蕉倒伏的器官。根的数量取决于球茎的大小和健康状况，通常从球茎中心柱的表面以4条一组的形式抽生，正常香蕉植株有200~400条根，最多可达700条。

只要生长条件适宜，香蕉根系能够向水平和垂直2个方向扩展，分别形成水平根系和垂直根系。水平根系主要分布在土壤表层30厘米内，吸收养分主要依靠这部分水平根系。水平根随着植株生长发育及其对养分需求量的增加而扩展。一般2个月龄的香蕉植株水平根系距植株可达1.5米，而5个月龄的植株，可达2.3米，最长可达5米。但是相当多的活性根（有较强吸收能力的根）主要集中在距植株0.3~0.6米的环带内。一般香蕉根长度为1~1.5米，根的横向分布常超出树冠外2~3米；着生于球茎下部的根系几乎是垂直向下的，形成垂直根系，深度取决于土壤的物理结构和地下水位高低，有时可深达1.5米，根系的分布与长度同土壤的通气性及品种有关，土层深厚、地下水位低、疏松通气或具有发达根系的高秆品种，其根系分布较深而广。

香蕉根系生长速度很快，但其数量决定于土层厚度、土壤孔性、土壤机械阻力、土壤肥力等物理、化学因素的影响。一般香蕉移栽后至花芽开始分化期间，根系发育快，但花芽分化一旦形成，生长发育减慢。在花芽分化以后，根系继续发育。在进入花芽分化前，即移栽后前3个月，香蕉根系生长缓慢，每个月每株香蕉平均生长不足430克鲜根；从花芽分化开始至抽蕾前，即移栽后第3个月至第6个月结束，香蕉根系生长快，生长量大，每个月每株香蕉平均生长840克鲜根。此后的1个月香蕉根系量增长慢，再往后至收获，香蕉根系量不但不增长，反而出现随生长期延长而下降的趋势。然而，从抽蕾至果实成熟，是果实生长发育的关键时期。为了保障果实的高产优质，此时维持香蕉根系量不减、保障香蕉根系活力、满足根系吸收养分量与果实生长需求量吻合尤为重要。故此，香蕉抽蕾后，施肥措施上要特别注意保护香蕉的根系不受损伤。建议此期采用勤施、薄施、撒施的方法，施肥部位距蕉头 0.5~1 米为佳，避免因土壤耕作而伤害根系，避免高浓度肥料烧伤根系。

香蕉根系生长适宜的环境条件：耕作层深厚，土壤通气性好，土壤温度 20~35℃，土壤持水量 65%。香蕉根不耐涝，不耐旱，不耐过高或过低温度，也不耐肥，故此，要使根系生长发育良好，必须创造一个良好的环境条件，保障香蕉根系的吸收作用，香蕉根主要靠次生根长出的根毛吸收土壤中的水分和矿质营养。

3. 茎

香蕉的茎有真茎与假茎，而真茎又包括球茎和地上茎 2 个部分（图 2-3 ）。

图 2-3　香蕉的茎

（1）球茎

香蕉球茎，俗称蕉头，近球形，为多年生的地下茎。它既是整个植株的养分贮藏中心，也是根、叶、花、果及吸芽的发源中心。球茎分化成2个区，即皮层和中心柱。在二者相接的地方密集着好几种维管束，将根系吸收的养分供给各器官生长之用，所以球茎是香蕉的重要器官之一。在球茎顶部中心有圆形密生叶痕（叶痕就是叶鞘着生的地方），叶痕的中央是生长点。

球茎的生长发育受土壤条件的限制，同时受到根、叶、吸芽生长的影响。球茎在营养生长中后期开始抽大叶时加速生长，到花芽分化后期增至最粗，以后增粗基本停止。球茎的生长适宜温度是25~30℃，在12~13℃时生长极为缓慢，在10℃以下则停止生长。球茎在香蕉收获后不会立即消亡，有时可残留2~3年，残体（旧蕉头）有碍下代植株的生长发育，还会因抽出的弱小大叶芽易感香蕉束顶病，由此将病毒传染给其他健康植株。因此，进行宿根蕉栽培须定期挖除旧蕉头。

（2）地上茎

香蕉地上茎又称气生茎、花序茎或果轴，是在植株进入花芽分化前夕由地下球茎骤变形成，即从原有直径20~30厘米的地下茎缩为直径5~8厘米的地上茎，背地延伸。当地上茎顶端的生长点推移至离地面40厘米左右时，生长点已不再分化叶片，而过渡到分化花芽及苞片，这就标志着香蕉生长发育已起质的变化，即从营养生长转为生殖生长，最后形成了花序茎或果轴。

（3）假茎

香蕉假茎，俗称蕉身，是由许多片长弧形叶互相紧密层叠裹合而成的粗大圆柱状的茎秆。香蕉假茎的高度，依品种、气候、茬别、栽培条件等不同而异，一般香蕉假茎高2~7米，粗（中部周长）40~85厘米。高秆品种比矮秆品种高，正造蕉比春蕉高，宿根蕉比新植蕉高，肥水充足的比肥水差的高，土壤条件好的比差的高。

假茎能增粗主要是每片新叶从假茎中心抽出，成长后把外围老叶逐渐向外挤，使其膨大起来。假茎的每片叶鞘体内由薄壁组织、通气组织形成的一排间隔的空室和维管束组成，维管束内有发达的韧皮部夹带离生乳汁导管，多分布在近外表皮层，而外表皮层又由最外层的维管束与厚壁组织组成。由此可见，香蕉假茎组织结构柔软多汁，易受风害吹折。不同品种类型的假茎质地也有一定差异，如大蕉、粉蕉较香蕉结实，三倍体香蕉较二倍体香蕉结实。正常条件下，每一品种的茎高与茎粗的比（茎形比）在抽蕾时是相对稳定的。

香蕉假茎的主要作用是运输养分和支持叶、花、果生长发育，并贮藏部分养分。一般生长前期假茎干物质的积累占整个植株的70%以上，所以高产的蕉株都是具有粗大的假茎。采收后，假茎还留下不少养分和水分，可用来促进吸芽生长。另外，假茎还起着支撑庞大的叶、花和果的作用。

4.叶

香蕉属单子叶植物，它的叶片由叶柄、中肋（叶柄在叶面的延伸）和叶面（叶肉）3个部分组成。中肋贯穿叶面中央，将叶面分作左右两半，与中肋相连的有许多条平行的叶脉（也称侧脉），叶脉之间还有众多（最多达1 700条）小脉。叶片上长有气孔，叶背的气孔比叶面多3~5倍，但也因部位不同而异（如基部比中部及顶端的气孔少），香蕉的倍性（二倍体、三倍体）不同，其气孔数目也有差异。一般香蕉的叶片长圆形，叶尖较短尖，叶基部呈圆形或耳状，叶面暗绿色，叶背淡黄绿色，有些叶背被有一层白粉（图2-4）。

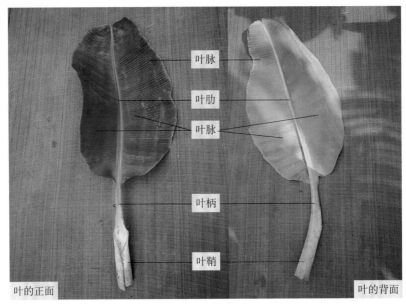

图 2-4　香蕉的叶

　　香蕉叶片的发育在茎内进行，以后由叶柄、叶鞘的伸长而渐行抽出。香蕉各生育期叶形变化甚大，吸芽初长时，先长出 2~3 片鳞状的鞘叶（俗称鳞鞘叶），仅见到披针状叶柄，无叶肉，随后长出 14~15 片具有狭窄叶肉的剑状叶（俗称剑叶）。以后随着幼株的生长，叶片逐渐增长增宽，叶形初宽卵形，后长卵形或长椭圆形，直到倒数第 7 片叶最大，称为魁叶，后来几片逐渐变短小，最后长的一片形似葵扇（俗称葵扇叶），随即结束抽叶。

　　香蕉叶片的大小除与不同生育期有关外，还与品种、气候、立地与栽培等条件有关。一般植株长得高大，叶片也愈大，总叶面积也随之增大，一直达到最高值后才减少。矮秆品种每片叶最大面积约 1 米^2，总叶面积 13~15 米^2；高秆品种每片叶最大面积约 3 米^2，总叶面积达 20 米^2 以上。总面积宿根蕉比新植蕉大、正造蕉比春夏蕉大、土壤肥沃、肥水充足的比一般肥水条件的大。

在正常情况下，香蕉一生抽生叶片 33~43 片，其中剑叶 8~15 片，小叶 8~14 片，大叶 10~20 片。不同品种总叶数有所不同，如台湾蕉 33~37 片，墨西哥 3 号 34~37 片，高秆天宝蕉 36~37 片，天宝矮蕉 35~42 片，墨西哥 4 号 37~39 片。不同植期、不同气候条件总叶数也有所不同，如春植蕉比秋植蕉少 3~4 片，风调雨顺年份比一般年份少 2~3 片。一般认为，总叶数中有 30~32 片起着重要光合化作用，这些叶片称为功能叶，其中最重要的功能叶是倒数 12 片，占总叶面积的 70%。因此，培养与保护好后期抽出的青叶是优质高产的重要保证。一般蕉叶的寿命为 71~281 天，蕉叶寿命也与立地、气候、栽培条件及品种有密切关系，栽培条件好的明显长寿，高秆品种比矮秆品种的叶寿命长一些。在一般情况下，抽蕾时青叶数 10~15 片，当植株长势健壮且无病虫及自然危害时青叶数最多可达 18 片，如果青叶数低于 8 片则香蕉产量和质量会大受影响。

5. 花

香蕉的花序为穗状花序，顶生，属完全花，由萼片、花瓣、雄蕊（花药、花丝）、雌蕊（子房、花柱、柱头）组成。香蕉花序含有雌性花、中性花和雄性花 3 种类型，花序基部最先开的是雌性花，中部是中性花，尾端是雄性花。雌性花的子房在授粉后，发育成所食用的香蕉（图 2-5）。

香蕉花的花瓣另外有一个名字，叫作苞片。苞片，其实并不是花的一部分，而是一种变态的叶子，它们一般在花的基部，对花和果实起到了一定的保护作用。每一组小花的外边就有一片很大的像翅膀一样的苞片，每一苞片内包裹着一组小花，一般分成 2 层排列，每朵小花基部都着生在苞片内与花序轴相连，花梗短，花被分 2 片。其中生长在外侧的一花被由 3 萼片、2 花瓣合生而成，先端作 5 齿裂，淡黄色，厚膜质，称复合花瓣；另一花被离生，称游离花瓣，较小，位于复合花瓣的对方，白色透明，质较薄。香蕉的柱头呈肥

子房 —— 苞片

雌性花

中性花 —— 苞片

雄性花 —— 小花

花药 —— 柱头

花丝 —— 花柱

游离花瓣 —— 复合花瓣

子房

图 2-5 香蕉的花

大拳状，花柱棒状。花的最下端与花柱、花被连接的是子房，最终发育成为果实。子房和花柱的长度比可作为判断3种花的依据，其比值＞1时为雌性花，比值≈1时为中性花，比值＜1时为雄花。

香蕉花蕾的色泽与形状因品种不同而异。一般香蕉的苞片外面颜色为暗紫色或紫红色，也有少数品种为紫黑色、鲜红色、粉色、黄色等。形状为长卵形、宽卵形或披针形（图2-6）。

图2-6　不同形状和颜色的花蕾

香蕉植株一生只开一次花。香蕉花芽分化后期形成的长卵形花蕾，随地上茎向上推移，最后从假茎顶部中央抽出（现蕾），苞片开始向上反卷，雌性花随即开放，然后在花序轴的中部开中性花，最后开的是尾部的雄性花。一般只有野生蕉的雄蕊含有花粉，而几乎所有栽培蕉的雄蕊都是无花粉的，不能自花结实，果实无种子。开花时苞片先张开，然后开始向上反卷，暴露出花蕊。苞片通常在开花后1~2天脱落，但也有一些品种苞片不脱落。

6. 果实

香蕉果实属浆果，由雌性花的子房发育而成。多数香蕉果穗是向下生长的，有些指天蕉品种除外，而果实正相反，是向上弯曲的。一般栽培品种为单性结实，果实无种子；当附近有野生蕉时，大蕉类品种有可能出现种子，野生蕉一般都会产生种子。

图2-7　香蕉的果实

香蕉果实为略带棱的圆柱形，有3~5棱，有些果实较直，也有些较弯曲。果皮未成熟时呈绿色，个别品种呈紫红色，成熟时呈黄色或鲜黄色，个别品种呈大红色；果肉乳白色、淡黄色或深黄色，肉质细密，甜度、香味浓淡等特征则因品种不同而异。一穗蕉一般有4~15梳果，但有的多达20梳，每梳果正常为2层，个别因果指多或异形果出现3层果，一般果数有7~30个单果，有时个别可达40个。单果称果指，果指长6~30厘米，指形呈弯月形（或微弯）、曲尺形或直尺形，重50~600克。香蕉的梳形和指形与品种、收获季节有密切关系，一般高秆品种梳形整齐，果指排列紧贴，指形微弯或曲尺形，矮秆品种梳形不够整齐，3层果多，果指排列较疏，指形呈弯月形或一排弯一排直；秋季果形弯、细长，早春蕉果形直且短小。一穗果的果指大小自上而下逐渐变化，最后一梳果指长仅为第一、第二梳果的 60%~70%（图 2-7）。

香蕉果实在断雷后初期发育慢，50 天后发育才加快，果实自开花到成熟，需要 90~170 天。果实的成熟期因季节、地区和栽培管理方法不同而异，5—6 月开花的需 90~110 天即可采收，11 月开花的需 130~140 天（平地）或 160~170 天（山地）才可采收。香蕉采收期不同于其他水果可以凭皮色来决定，主要是靠果指的饱满度（棱明显否）来决定。

7. 吸芽

香蕉吸芽是在植株生长到一定大小时（吸芽苗植后长出叶 16 片左右，试管苗植后长出叶 21 片左右），从球茎中心柱分支形成的及腋芽萌发而成的后代，其维管束与原球茎是相通的，吸芽的产生与植株内部生长调节剂的水平有关，又受气候、植株生长发育的影响（图 2-8）。以广东气候为例，每年 3 月气温回暖时吸芽开始萌发，但生长缓慢，5—7 月发生最多，生长也最快，8 月发生较少，9 月后就很少发生，尤其地势高、立地条件差、管理水平低或偏北

剑叶芽

大叶芽

图 2-8　香蕉的吸芽

香蕉优质丰产栽培彩色图说

地区蕉园发生更少。一般初抽吸芽呈锥形像竹笋（俗称笋芽），当不断生长时，地下茎的上部变宽，使上下蕉株粗度差异缩小，吸芽的地下茎有向上性，宿根3代的蕉株容易露头。一般每株香蕉母株可抽生出5~10个吸芽。

按植株外形和营养状况的不同，可将香蕉的吸芽分成剑芽和大叶芽2类。

剑芽的茎部粗大，上部尖细，叶小如剑，因此也称剑叶芽，一般常用这种吸芽作母株或分株成种苗。不同季节发生的剑芽又可分为笋芽和褛芽。立春后发生的嫩红色吸芽，形似红笋状吸芽，俗称为红笋芽；秋后萌发的吸芽，形似褛衣，俗称为褛芽；从尚未收获的母株球茎上当年抽生的吸芽称为角笋，又称为隔山飞或母后芽。笋芽一般在上一年的11月长出，当年立春后天气转暖时露出地面，呈红色，通常在当年3—5月种植时用。种植后特点是先出叶后长根。褛芽一般在上一年的8—10月长出，因遇干旱、寒冷不长，冬天来临时叶变枯。由于低温、缺水，上部长得较慢，下部积累营养，因而养分充足，形状上小下大，根系多，一般在2—3月种植时用。种植后是先发根，后抽叶。

大叶芽是指接近地面的芽眼长出的吸芽。可以是从生长的母株发出，也可以是在母株收获后从隔年的球茎上萌发。大叶芽芽身较纤细，地下部小，初抽出的叶即为大叶，因此叫作大叶芽。种植后生长慢，产量低。一般不选用大叶芽作为继代结果的母株，也极少用作分株育苗。

第一次在大田定植的吸芽叫作新植蕉，在新植蕉球茎上继续长出的吸芽叫作宿根蕉。新植蕉果实大，产量高；宿根蕉产量逐年降低，果实变小。吸芽除了留用作结果母株外，通常进行分株繁殖种苗。吸芽繁殖是香蕉传统栽培较为普遍的育苗法。主要是用剑芽（笋芽和褛芽）进行繁殖。分株种苗的吸芽一般高40厘米以上。

026

（二）对环境条件的要求

环境、气候条件对香蕉整个生育期都会产生影响，可影响果指大小、形状、颜色、肉色、品质，以及果穗的长短、大小和耐藏性能。香蕉对气候环境要求可概括为喜温热、忌霜冻、雨多而均匀、怕台风袭击等。

1. 温度

香蕉是热带亚热带果树，生长发育要求较高的温度。一般香蕉生长要求年平均气温为20℃以上或≥10℃积温7 000℃以上。在高温多湿、阳光条件好、水肥充足的条件下，花果发育良好，果实肥大，果形正常、整齐，产量高，色泽好。相反，在低温干旱条件下，香蕉花果生长缓慢，果瘦小，皮厚，果形不整齐，单果发育不一致。

温度对香蕉植株的营养生长影响较大，其最适的生长温度为25~30℃。在生长期间温度较高则缩短其生育期（即从定植到第一个花序出现的时间间隔），而且易获高产，但绝对最高温度不宜超过40℃，否则植株就会停止生长，并可能发生叶片和果实日灼。而温度较低时多数品种的营养生长都会因低温而减弱，常延长其生育期。当温度降至20℃时植株生长缓慢，低于16℃时植株生长速度大大降低，遇14℃的低温时多数香蕉品种的叶片就完全停止生长。当温度降至10℃时，嫩叶、嫩果、老熟果会出现轻微冷害，表现为刚展开的嫩叶边缘出现零星的白斑，类似水分亏缺而变黄干枯。4~5℃叶片大部分就会冻伤褪绿致干枯，1~2℃整片叶就会被冻至枯萎，霜冻会使香蕉整株枯死，阴冷雨天会使假茎腐烂、死亡。

不同类型的香蕉品种对温度的耐受能力不同，一般大蕉（ABB）最耐寒，其次是粉蕉（ABB）、龙芽蕉（AAB）、香蕉（AAA）、贡蕉（AA）。而香蕉各器官对冷害敏感程度也有差别，依次是果轴＞花蕾＞幼叶＞幼果＞叶片＞假茎＞根系＞球茎。不同生育期的耐寒程度依次是抽蕾期＜幼苗期＜花芽分化期＜幼果期＜果实膨大期＜大苗期。但是在抽蕾期和幼果期温度低于13℃，特别是有干风的夜晚幼果极易受冻。受冻的果实发育较慢，外观变暗绿，撕开果皮可见维管束变褐色，果实收获以后催熟果皮变暗黄色。果指外观表现水平或稍微向上生长，区别于正常果弯向上。受冻的香蕉果实外观差，暗黄色，收购的价格比较低。受冻严重的不能催熟，失去商品价值。

低温是限制亚热带香蕉高产的一个主要因素。持续寒冷的气候影响果实生长速度、开始达到成熟的时间及最终产量。短暂的寒冷也会对果实产生影响，在12℃以下，香蕉乳汁在果皮中凝固，在表皮下形成深褐色的色素深积条纹。低温也会引起果肉软化不均匀、贮藏期果实易腐及其他生理缺陷，但适当低温对提高果实质量和风味都有利。每年10月昼夜温差大，若遇夜晚有20℃左右低温，此时花芽分化的就是翌年的"尖嘴蕉"，果长，优质。10月抽蕾的"青皮仔"，在冬季低温下缓慢生长，昼夜温差大，糖分积累多，肉质结实、风味佳、耐贮藏，是风味最好的香蕉。

2. 光照

香蕉是喜光植物，整个生育期都需要一定的光照条件，当光照度从2 000勒上升到10 000勒时，香蕉气孔较多的远轴叶片表面光合活性迅速增加；从10 000勒上升到30 000勒时，远轴叶片表面光合活性增加较缓慢。另外有人对野生蕉和栽培蕉的考察发现，香蕉单株种植并不一定比园地群体种植好，说明香蕉似乎不需要强光照，反而适当密植，光照适当减弱对生长有利。

香蕉具有光周期反应，当光照强度降低时，其营养周期延长。在完全黑暗的条件下，新叶可长出并张开。在荫蔽状态下，假茎的生长高度较阳光充足时高。光照强，植株较矮；光照较弱，植株较高。合理密植不但可以减少强光对叶片、果实和根系的灼伤，调节地温及园地内空气湿度，有利于提高单位面积产量，还有利于促进生长发育，提高单株产量，提早成熟。就光照强度而言，海南和雷州半岛及华南沿海地区的太阳辐射强度大，种植密度可以适当提高一些。

3. 水分

香蕉是大型草本植物，水分含量高，假茎含水率82.6%，叶柄含水率91.2%，果实含水率79.9%。叶面积大，蒸腾量大，因此对水分要求高。每形成1克干物质要消耗水分500~800克。一般认为，一年中降水量均匀分布，年降水量为1 500~2 500毫米，且均匀分布，最少月份降水量100毫米以上，月降水量达200毫米对香蕉的水分供应是理想的。在任何月份，降水量 < 50毫米时，都会造成严重的水分亏缺。据研究，香蕉适合的田间持水量为60%~80%。可以通过灌溉和田间地表覆盖调节土壤的湿度，以利于根系生长。

香蕉的需水量与叶面积、光照、温度、湿度及风速有关。强光、高温、低湿、风速大，植株需水量。夏季晴天矮蕉每株每天消耗水分25升，多云天消耗18升，阴天也要9.5升。折算成每公顷2 500株计算，每个月要耗水1 875吨，相当于187.5毫米降水量。如降水不足，就需通过灌溉作补充。夏季5天左右无降水的晴天就需要适当的灌溉。但在相对湿度高的山区（如西双版纳），早上叶片表面有露水，灌溉可以节省些。

水分不足，香蕉生长受影响，轻则叶片下垂呈萎状，气孔关闭，光合作用暂停，重则会使叶片枯黄凋萎，叶片抽生困难，变小，停止抽叶，接着假茎软化倒伏。新植组培苗和挂果期对水分最为敏感，抽蕾期也是需水的临界期，此时水分供应不足会影响果轴抽生。长期干旱会影响果实产量、品质及收获期。大蕉、粉蕉较龙牙蕉耐旱，香蕉最不耐旱。相反，当雨季水分过多时，相当深的土层达到水分饱和，易造成根系缺氧，无法呼吸而腐烂。据观察，若在香蕉根部积水达 72~144 小时，所有植株先是叶片变黄，然后凋萎，植株死亡。大蕉和粉蕉的耐涝性比香蕉强。

空气湿度对香蕉生长也有明显影响。当空气湿度高，蒸腾速率与水分吸收率较低时，每张充分展开的叶片均处于同一平面，且气孔开启；当空气干燥或水分轻度缺乏时，半数的叶片在其与中脉连接处转动 90° 角，好像叶座带提供了枢纽，使叶处于平行状态，以减少叶下表面的暴露，同时气孔关闭。这一动作有助于保存组织里的水分，阻止或延迟严重的水分亏缺所致的不良后果。密封的大棚有较高的空气湿度，小苗每月抽生的叶片要比不密封的大棚多 2~3 片。大田香蕉植株在高湿季节的生长速度要比低湿季节快 50% 左右。合理的密植可以提高空气相对湿度，有利于植株生长。但是，相对湿度过高会引起多种叶部病害，缩短叶片寿命。

4. 土壤

香蕉是须根系，肉质根分布较浅，虽然对土壤条件要求不是很严格，不论是平原还是山地，在多种类型的土壤中都能生长，但不同土壤条件下的产量存在很大差异。一般要求土壤既要疏松通气、排水良好，又要保水保湿，最好是沙壤土或轻黏土，具团粒结构，有机质丰富的冲积土或火山土是栽培香蕉最好的土壤。根据我国及世界各地优质丰产蕉园的经验发现，优质丰产蕉园应具备以下条件。

（1）土壤理化性质良好

物理性状良好的土壤，孔隙较多，利于空气和水分渗透。不论是冲积壤土、黏壤土、沙壤土或粉沙壤土，也不论是平原地带或是山坡地带，物理性状好的地块都适宜香蕉的种植。物理性状不良的土壤，由于缺乏团粒结构，往往雨后严重积水，干旱时土壤板结如石，对香蕉的根系生长极为不利。这种土壤，即使香蕉植株能生长，但产量也不高。在土壤物理性状不良的地方，可以通过栽培管理措施进行改良。

（2）土层深厚，土壤有机质丰富

土壤深厚与土壤的保肥、保水能力及透气性密切相关。深厚的土层促进根群良好发育，增强蕉株的抗逆能力。一般要求土层深度在60厘米以上。

（3）地下水位较低

地下水位是平原蕉园增产的重要条件。地下水位太高，影响了土壤微生物的活动、土壤的通透性及土壤的保肥能力，因而直接影响根群发育。一般要求蕉园的地下水位应在1米以下。地下水位高的地区，如果遇到暴雨袭击易造成淹地，引起叶子发育不良，产量降低，严重时可使根群窒死，整株死亡。

（4）土壤酸碱度适宜

土壤酸碱度本身对香蕉的生长无显著的影响。香蕉植株在pH 4.5~8.0的酸性、中性和碱性土壤上均能生长。但一般认为，土壤pH在6.0左右为最佳，在pH 5.5以下的土壤中香蕉枯萎病病原物尖孢镰刀菌繁殖迅速易造成为害。当pH低时卷叶病的影响也较重。在pH 6.0~7.0时，某些矿质营养的吸收受到影响，如在酸性土壤中常缺磷，在碱性土壤中常缺钾。我国南方土壤普遍为酸性的红壤土，要适当施石灰进行中和，减少铝离子、锰离子、铁离子的毒害。

5. 风

香蕉是大型草本果树，根系着生浅，叶柄、假茎无木质化，果穗较脆，较重，故抗风性差。我国主要的香蕉产区均分布在沿海地区，因此常受台风影响，特别是挂果后，头重脚轻，即使无台风来，一场暴风雨也可使之翻倒露头或折秆倒伏，宿根蕉尤其严重。风速超过 10 米 / 秒时，对高秆香蕉产量有影响，叶片会被撕裂，甚至部分或全部折断，植株生长明显减慢。风速超过 20 米 / 秒时，矮秆蕉被吹断叶，高秆香蕉挂果植株若防风措施做得不好，也有可能被折断或植株翻头倒伏，造成当年失收。风速超过 30 米 / 秒时，叶片会被全部吹断，假茎基部或中部折断，连强度差的竹子或木桩也会被折断。在台风发生季节，许多蕉园会遭受台风的袭击，造成很大的经济损失。所以华南沿海地区的蕉园应做好防风措施，一般选择有天然避风的地方建园或营造防风林带，并在台风来临之前做好立杆支撑工作。

三、香蕉优良品种

（一）分　类

香蕉栽培品种主要由 2 个原始野生种尖叶蕉（AA）和长梗蕉（BB）自交或杂交的后代进化而成。香牙蕉是由尖叶蕉进化的三倍体，而大蕉和粉蕉则是杂交三倍体。因此，大多数栽培的蕉类都是三倍体。根据食用方式，广义上将香蕉简单分为鲜（甜）食香蕉（desert banana）、煮食香蕉（cooking banana）和大蕉（plantain）3 大类，也经常简单地称作香蕉和大蕉。需要特别指出的是，国外所用的 plantain 常被译成大蕉，但这个大蕉是指 ABB 组种的大蕉亚种，是属于龙牙蕉类中有棱角的香蕉。包括法国大蕉和牛角大蕉，果实含淀粉量高，不煮熟不能食用，不同于我国分类中所说的大蕉（我国所指的大蕉属 ABB 组，国外常归为煮食香蕉），煮食香蕉是当菜吃的，应译成菜蕉，以示区别，但我国习惯上仍称大蕉类。

（二）我国主要栽培种类别

在栽培品种上，世界上有近 300 个品种，而目前我国主要食用香蕉根据其植株形态特征和经济性状，特别是果实性状，可分成香牙蕉（简称香蕉 *Musa* AAA Cavendish）、粉蕉（*Musa* ABB Pisang Awak）、龙牙蕉（*Musa* AAB Sikl）、大蕉（*Musa* ABB）和贡蕉（*Musa* AA Pisang Mas）5 大类。香芽蕉的品种最丰富，大蕉、龙牙蕉与粉蕉若经选种育种，也有望培育出特性稳定的品种/品系。5 大类中，消费者最喜欢的是香气浓郁、果形大而长的香蕉，故商品生产多为香牙蕉，且呈连片种植；大蕉、粉蕉和贡蕉则零星分布，一般都是小规模栽种。我国这 5 大类栽培香蕉主要形态特征差异见表 3-1。

表 3-1 我国 5 大类栽培香蕉主要形态特征的差异

性状	香牙蕉	粉蕉	大蕉	龙牙蕉	贡蕉
基因组	AAA	ABB	ABB	AAB	AA
假茎	有深褐黑斑	无黑褐斑	无黑褐斑	有紫红色斑	有深褐黑斑
叶姿态	半开张	开张	半开张或开张	开张	直立
叶柄沟槽	不抱紧	抱紧	抱紧	稍抱紧	不抱紧
叶基形状	对称楔形	对称心脏形	对称心脏形	不对称耳形	对称楔形
果轴茸毛	有	有	无	有	有
果形	月牙弯，浅棱，细长	微弯近圆柱形	直，具棱，粗短	直或微弯，近圆形，中等长大	圆柱形，无棱
果皮	较厚，绿黄色至黄色，高温青熟	薄，浅黄色，高温黄熟	厚，浅黄色至黄色，高温黄熟	薄，金黄色，高温黄熟	最薄，绿黄色至黄色，高温黄熟
肉质风味	柔滑香甜	柔滑清甜，微香	粗滑酸甜，五香	实滑酸甜，较香	柔滑蜜甜
肉色	黄白色	乳白色	杏黄色	乳白色	黄色
胚珠	2 行	4 行	4 行	2 行	2 行
整齐度	较整齐	整齐	一般	较整齐	整齐
果指形状	弯	微弯	直	微弯	直
果指长度 / 厘米	16~26	12~22	14~20	15~16	9~14
果皮后熟色泽	黄色至鲜黄色	粉黄色至鲜黄色	土黄色	鲜黄色	鲜黄色
果肉色泽	黄白色	乳白色	橙黄色	乳白色	橙黄色
肉质	实，滑	软滑	实，纤维多	实，有粉质	软滑
甜味	甜至蜜甜	清甜	酸甜	甜酸	甜至蜜甜
香味	香	无香味	无香味	微香	香
固形物 /%	16~28	23~31	22~25	22~26	23~30
全糖 /%	16~25	19~28	18~23	18~22	21~26
代表品种	矮脚顿地雷	糯米蕉、紫茎蕉	顺德中巴大蕉	中山龙牙蕉	贡蕉、海贡

1. 香牙蕉类型

目前国内栽培面积最大、产量最多的品种群。株高 1.5~4 米，假茎黄绿色带褐色斑，叶柄短粗，沟槽开张，有叶翼，叶缘向外，叶基部对称，叶片较宽大，先端圆钝。果轴有茸毛，成熟时果实棱角小而近圆形，未成熟时果皮黄绿色，在常温 25℃ 以下成熟的果实，其果皮为黄色，在夏秋高温季节自然成熟的果实，果皮为绿黄色，果肉呈黄白色，味甜而浓香，无种子，品质上乘。在香牙蕉类型中，由于假茎高度和果实特征不同，又分为高、中、矮 3 种类型。品种有巴西蕉、威廉斯、东莞中把、矮脚顿地雷、高脚顿地雷、高州矮、广东香蕉 1 号、红香蕉等。

2. 大蕉类型

假茎青绿色带黄色或深绿色，无褐色斑或褐色斑不明显，植株高大粗壮，叶宽大而厚，深绿色，叶背和叶鞘微有白粉，无叶翼，叶柄沟槽闭合，叶基部对称。果轴上无茸毛，果指较大，果身直，棱角明显，果皮厚而韧，成熟时果皮黄色，果实偶有种子，味甜带酸，无香味。对土壤适应性强，抗旱、抗寒、抗风能力也较强。品种有顺德中把大蕉、高脚大蕉、牛奶大蕉、金山大蕉等。

3. 粉蕉类型

植株高大粗壮、假茎淡黄绿色而带紫红色斑纹，叶狭长而薄，淡绿色，叶基部不对称，叶柄长，叶柄沟槽闭合，叶柄和叶基部的边缘有红色条纹，叶柄和叶鞘被白粉。果轴无茸毛，果实稍弯，果柄短，果身近圆形，成熟时棱角不明显，果皮薄，果端钝尖，成熟后淡黄色，果肉乳白色、肉质柔滑，味清甜微香，一般株产 15~20 千克。对土壤适应力及抗逆性仅次于大蕉。但易感香蕉枯萎病，也易受香蕉弄蝶幼虫为害。品种有广粉 1 号、金粉 1 号、粉杂 1 号、糯米蕉、粉沙蕉和蛋蕉等。

4. 龙牙蕉类型

植株较高瘦，假茎淡黄绿色间紫红色条纹，叶狭长，叶基部两侧呈不对称楔形，叶柄与假茎披白粉，花苞表面紫红色，被白粉。果轴有茸毛，果实近圆形，肥满，直或微弯，成熟后鲜黄色，果皮特薄，充分成熟后有纵裂现象，果肉柔软甜滑，有特殊的香味，品质佳。但产量较低，易感香蕉枯萎病，也易受象鼻虫、弄蝶幼虫的为害，抗寒、抗风能力较差。过山香、美蕉、象牙蕉等属此类型，品种有中山龙牙蕉、菲律宾香蕉等。

5. 贡蕉类型

贡蕉别名皇帝蕉、金芭蕉、芝麻蕉。我国于1963年从越南引进。皇帝蕉属甜蕉优稀品种，喜温暖湿润气候，果实小巧玲珑，长9~14.5厘米，重50~70克，单株产量5~10千克，皮薄，熟后金黄色，外观色泽鲜艳，果肉橙黄，肉质嫩滑，清甜芬芳，香甜可口，风味极佳，为"贡品"香蕉，是世界上公认的高档香蕉品种之一，经济价值高。贡蕉粗生易管，高抗香蕉枯萎病，生育期短，全生育期10~12个月，每造每亩产量1 300~2 500千克，但抗寒性较差，受冻后恢复慢。生产上应选择尖嘴矮脚型品种，假茎高2.1~2.5米，矮壮、抗风，不需要撑竹竿。而另一类品种是短嘴高脚型，假茎高3.1~3.5米，该类品种不抗风、不抗病，不宜种植。

（三）当前主栽品种

1. 巴西蕉

属香牙蕉类，基因型AAA，引自南美巴西而得名，是种植面积最大的中秆型品种。假茎高2~2.6米，粗壮，下粗上细不明显，坚韧度高，抗风力较强。头梳和尾梳的果条大小差异不大，商品率较高。叶片厚硬，不易被风吹裂，叶缘完整，林相整齐，生育期9~11个

图 3-1　巴西蕉结果状

月，早生快发，果实耐贮藏、耐运输。亩产 3 000~4 000 千克，单果长 27~30 厘米，2~3 条果重 500 克，单穗重 25~40 千克（图 3-1）。

2. 宝岛蕉

属香牙蕉类，基因型 AAA，是兼具丰产和抗枯萎病特性的优良品种。其生育周期约 13 个月，比主栽品种巴西蕉长约 30 天。属中高秆型，假茎高约 2.8 米，粗壮。初期树型开张、后期数片新叶直立丛生茎顶，叶片厚而宽广、深绿色。果穗轴向下垂直伸展，果房圆柱形，果把数多，因季节而异，每果串着生 9~14 梳果把，果把排列稍紧密，果形整齐，果串最上方与末端果把的平均果指数分别为 23 个和 16 个，总果指数多达 191 个。在高产蕉园果串重 35~45 千克，中产蕉园 30~35 千克，低产蕉园 25~30 千克。对黑星病、叶斑病、象鼻虫等病虫害的抗性与主栽品种巴西蕉无差异，对香蕉花蓟马侵入花苞引起的果房水锈，本品种的受害程度比巴西蕉严重，对枯萎病的抗病程度高于巴西蕉，属于抗病品种（图 3-2）。

图 3-2　宝岛蕉结果状

目前该品种在海南推广面积已达 1 333 公顷，主要分布在海南南部昌江、东方、乐东、三亚等市县香蕉产区，其次为海南西北部儋州、澄迈、临高等市县蕉区。

3. 皇帝蕉

基因型 AA，是贡蕉的俗称，又名米香蕉、金芭蕉、芝麻蕉，原产于东南亚。皇帝蕉属甜蕉优稀品种，喜温暖湿润气候，果实小巧玲珑，长 9~14.5 厘米，重 50~70 克，单株产量 5~10 千克，果实总糖含量 22.5%~25%，皮薄，熟后金黄色，果肉橙黄，肉质嫩滑，清甜芬芳，香甜可口，外观色泽鲜艳，风味独特，是世界上公认的高档香蕉品种之一，经济价值高。皇帝蕉粗生易管，高抗香蕉枯萎病，生育期短，生育期 10~12 个月。每造产量 1 300~2 500 千克/亩（图 3-3）。生产上应选择尖嘴矮脚型品种，假茎高 2.1~2.5 米，矮

图 3-3　皇帝蕉结果状

壮、抗风，不需要撑竹竿。而另一类品种是短嘴高脚型，假茎高3.1~3.5米，该类品种不抗风、不抗病，不宜种植。

4. 威廉斯

属香牙蕉类，从澳大利亚引入。中秆假茎高2.5~2.8米、周长47~58厘米，叶片长175~193厘米，叶片稍直立生长。果穗长65~80厘米，梳形较好，果指排列紧密，果指直，梳数多为8~10梳，果数稍少，果指较长，为19~23厘米，品质中等。该品种果形商品性状好，但抗风力较差，也较易感叶斑病。在中国各产区性状表现不一，反映也不同（图3-4）。

图3-4　威廉斯结果状

5. 桂蕉6号

属香牙蕉类，基因型AAA，桂蕉6号的亲本材料是1987年从澳大利亚以试管苗方式引进的威廉斯品种，经在国内组织培养快速繁殖，由广西农业科学院生物技术研究所筛选组织培养变异株而育成的优良品种。品种通过组织培养方法生产种苗，培育成营养杯苗后提供大田种植。假茎高 2.2~2.6 米，假茎基部周长 75~95 厘米，假茎中部周长 48~65 厘米，茎形比为 3.7~4.3。叶片较长而稍直立，叶片长 210~250 厘米、宽 88~95 厘米，叶形比为 2.3~2.6。穗状花穗，每穗把 7~14 梳，每梳果指数 16~32 个，每穗果实重 20~30 千克，高的可达 95 千克。每亩产量 2 400~3 500 千克，高的 4 000 千克以上。生育期 300~420 天。抗风力中等，不耐霜冻，易受尖孢镰刀菌古巴专化型 4 号小种侵染而感染香蕉枯萎病，植株易感香蕉花叶心腐病、香蕉束顶病，栽培上要注意防治蚜虫及避免与茄科、葫芦科等寄主植物间套种（图 3-5）。

图 3-5　桂蕉 6 号结果状

6. 广粉 1 号

属粉蕉类，基因型 ABB，广东省农业科学院果树研究所从汕头澄海农家粉蕉中选育而成。假茎高 4.2 米，假茎基部周长 95 厘米，假茎中部周长 63.7 厘米，假茎黄绿色，无着色。叶片长 234 厘米、宽 79 厘米。果穗结构紧凑、长圆柱形，长度 75 厘米，粗度（周长）115 厘米，穗柄长度 64 厘米，穗柄粗度（周长）23.5 厘米，梳数最多可达 13.6 梳，果穗 8.5 梳的总果指数为 154 个；果形直或微弯，果指未饱满时与果轴平行，完全饱满时向上弯 45°，果指长度 16.9 厘米，果指粗度（周长）14.1 厘米，果顶尖，果柄长度 3.2 厘米，果指棱角不明显，生果浅绿色，极少被蜡粉。平均株产 29.4 千克，个别 40 千克以上，一般亩产达 3 000 千克，高的

图 3-6　广粉 1 号结果状

3 500 千克以上。不疏去果穗末端果梳的产量更高些，一般留 8~9 梳的果指品质较好。成熟果实皮黄色，果皮薄，浅黄色，肉质细滑，可食率 79%，味甜，无香或少香，品质优，果肉可溶性固形物含量 26.5%，维生素 C 含量 23 毫克 / 千克，可滴定酸含量 0.34%，蔗糖含量 9%，全糖含量 20.94%。高感枯萎病，感软腐病、煤烟病（图 3-6）。

7. 金粉 1 号

属粉蕉类，基因型 ABB，由广西植物组培苗有限公司选育而成。组培苗生育期为 18~20 个月，假茎高 4.6~5 米，黄绿色，有光泽，有少量褐色斑，吸芽 6~9 个。蕉蕾苞片外层暗红色，内层暗红紫色，苞片先端钝尖圆形，穗柄黄绿色，有时略带紫红色，穗柄无毛，花穗轴向下斜生，果穗微斜、呈长圆柱状，梳距小（< 10 厘米），果指紧密，果顶尖，与穗轴呈 90° 直生，果指向上呈约 45° 弯生，果顶稍平呈钝尖，果指微弯，果形圆形，果皮浅绿色，果指横切面呈圆形，果穗有 10~15 梳，每梳果 18~20 个，两排排列，单果指重 105~130 克，平均果长 13.6 厘米、宽 4.5 厘米，熟果呈金黄色，果皮厚 0.14~0.19 厘米，易剥皮，果肉白色。口感软滑香甜，可食率 77.2%，可溶性固形物 26.5%。平均单株产量 27 千克，平均亩产 2 515 千克。一般在 8—10 月种植为宜，每亩种植密度 80~100 株，第三年的 3—6 月采收（图 3-7）。

8. 桂蕉 9 号

属香牙蕉类，基因型 AAA，巴西蕉芽变株系选育而成。中秆，假茎绿色且有褐色斑块，基部内层略显淡红色，假茎高 2.3~3.2 米，假茎基部周长 70~90 厘米，茎形比为 4.5~4.9。叶片叶形比（长宽）为 2.3~2.6，叶柄基部有褐色斑块。果穗呈长圆柱形，果梳排列较整齐，果形美观，果穗长 65~110 厘米，每穗 7~14 梳，每梳果指数 15~34 个，果指排列紧凑，果指微弯，果指长 18~28 厘米。株产

图 3-7　金粉 1 号结果状

20~40 千克，桂蕉 9 号全生育期在不同种植区域及不同水肥管理条件下存在一定差异。宿根蕉与新植蕉收获期间隔约 10 个月。在枯萎病发病较轻或经多年轮作其他作物的地块种植桂蕉 9 号，其发病率为 2%~12%（图 3-8）。目前主要在广西种植。

9. 南天黄

属香牙蕉类，基因型 AAA，广东省农业科学院果树研究所反复筛选宝岛蕉抗枯萎病芽变株系而获得的优良品种。中秆，假茎高度

图3-8　桂蕉9号结果状

与巴西蕉接近，黄绿色，内茎淡绿色或浅粉红色，其他香牙蕉为紫红色。叶柄较短，叶翼边缘有波浪形红线，组培苗（大叶芽）叶色较淡绿，少紫色斑，春夏季抽出吸芽为青笋，其他香牙蕉为红笋。对比巴西蕉发病率＞80%的重枯萎病地，能达到发病率＜10%的高抗水平，抗其他真菌、细菌、病毒病，较其他香牙蕉抗叶斑病、黑星病、叶边缘干枯、卷叶虫。生物学、经济性状接近或等于巴西蕉的水平，生育期在海南南部与巴西蕉基本同时收获，北部略长

图3-9 南天黄结果状

香蕉优质丰产栽培彩色图说

2~4 周。平均株产 20~25 千克（图 3-9）。截止到 2016 年春季，南天黄香蕉累计在广东、海南、云南等地推广约 1 000 万株。

10. 粉杂 1 号

属粉蕉类，由广东省农业科学院果树研究所和中山市农业局育成，品种来源为广粉 1 号粉蕉的偶然实生苗。树势中等，叶片开张、较短窄，假茎高 3.2 米。果指短而粗，果指长度和果指周长均为 13.6 厘米。单果重 143 克，平均果梳重 2 千克，春植平均株产 13.9 千克，折合亩产为 1 668 千克。成熟果皮黄色，皮厚 0.15 厘米，果肉奶油色或乳白色，肉质软滑，味浓甜带甘、微酸，可溶性

图 3-10 粉杂 1 号结果状

固形物含量 25.72%，总糖含量 21.06%，可滴定酸含量 0.45%，维生素 C 含量 14.6 毫克 /100 克果肉，可食率 74.2%。田间表现抗香蕉枯萎病能力强，在未种植粉蕉的香蕉枯萎病园田间发病率低于 5%（图 3-10）。该品种主要分布在广东番禺、中山枯萎病区，广西、福建、海南枯萎病区也有一定的种植面积。

（四）传统优良品种介绍

1. 齐尾

属高秆型香牙蕉类，主要分布在广东高州，为高州的优良品种。假茎高 3~3.6 米，周长 65~80 厘米，茎干上下较均匀，皮色淡绿。叶片较直立向上伸长，叶片窄长，叶柄较细长，叶鞘距疏，叶片密集成束，尤其在抽蕾前后甚明显，故名齐尾。正造果穗较长大，一般情况下果穗梳数及果数与高脚顿地雷相似，平均果穗梳数为 8~10 梳，果指长 18~22 厘米，单果重 130~140 克，在正常的情况下单株产量 25~30 千克，最高可达 50 千克。可溶性固形物 19%~20%，品质中上。该品种产量高，果指长，是出口及北运的品种之一。但抗风力较差，抗寒和抗病能力差，要求水肥条件较高。该品种有高脚齐尾和矮脚齐尾 2 个品系。

2. 仙人蕉

属高秆型香牙蕉类，是从台湾北蕉的突变种中选育的，其综合性状极似北蕉，为台湾的主栽品种。植株瘦高，假茎高 2.7~3.2 米，叶片较北蕉稍长而宽，叶淡绿色。果实含糖量高但品质较北蕉稍差，因果皮较厚，果实较耐贮运，株产优于北蕉。对束顶病的抵抗力强，适于较瘦瘠的山地粗放栽培。但生育期比北蕉长 15~30 天，抗风能力也较差。

3. 大种高把

属高干型香牙蕉类，又称青身高把、高把香牙蕉，福建称高种天宝蕉，为广东东莞的优良品种。植株高大健壮，假茎高 2.6~3.6 米，假茎基部周长 85~95 厘米。叶片长大，叶鞘距较疏，叶背主脉被白粉。果穗长 75~85 厘米，果梳 9~11 梳，果指长 19.5~20 厘米，果肉柔滑、味甜而香，可溶性固形物 20%~30%。在一般情况下单株正造产量为 20~25 千克，最高可达 60 千克。该品种产量高、品质好，耐旱和耐寒能力都较强，受寒害后恢复生长快。但易受风害。

4. 高脚顿地雷

属高秆型香牙蕉类，为广东高州优良品种之一。植株最高大，假茎高 3~4 米，周长 70~80 厘米，假茎下粗上细明显。叶片窄长，叶柄细长，叶色淡黄绿色，叶鞘距疏。果梳及果指数均较少，但单果长且重，果指长 20~24 厘米。单果重 150 克以上，在一般栽培条件下单株产量 25~30 千克，高产者可达 70 千克。可溶性固形物为 20%~22%，品质中等。该品种果形长大，产量高，品质也较好。但对肥水、温度的要求较高，在珠江三角洲经济性状表现不甚理想，抗风能力极差，受霜冻后恢复能力低，也易感染香蕉束顶病。

5. 矮脚顿地雷

属中秆型香牙蕉类，为广东高州等地的主栽良种之一。假茎高 2.5~2.8 米，生势粗壮。叶片大，叶柄较短。果穗较长、梳距密，小果多而大，果指长 18~22 厘米，可溶性固形物 20%~22%，品质和风味优于高脚顿地雷及齐尾，品质中上。单株产量为 20~28 千克，个别可达 50 千克。该品种产量稳定，适应性强，抗风力中等，耐寒力较强，遭霜冻后恢复较快。

6. 广东香蕉 1 号

原名 74-1，属矮秆至中秆型香牙蕉类，由广东省农业科学院果树研究所于 1974 年从广东高州矮香蕉中芽变选育而成。假茎高

2~2.4 米，假茎粗壮，上下较均匀。叶长 200 厘米，叶柄长 36 厘米，叶片较短阔。果穗中等长大，穗长 68~76.3 厘米，果梳多为 10~11 梳，果指数为 190~208 个，果指长 17~22 厘米。单果重 100~130 克，单株产量为 18~27 千克。该品种抗风、抗寒、抗叶斑病较强，耐贮性中等，丰产、稳产、抗逆能力强，受寒后恢复生长快，适合沿海多台风地区栽培。但在栽培上对土壤、肥水条件要求较高，要注意疏松土壤、适当排灌。

7. 广东香蕉 2 号

原名 63-1，属中秆型香牙蕉类，由广东省农业科学院果树研究所从引入的越南香蕉中芽变选育而成。假茎高 2~2.6 米。叶片长 203~213 厘米，叶柄长 38 厘米，叶片稍短阔。果穗较长大，为 70~85 厘米，果穗梳数及果指数较多，果梳 10~11 梳，果指数 165~210 个，果指稍细长为 18~23 厘米。单果重 125~145 克，单株产量为 22~32 千克。全糖含量 19.8%，品质中上。抗风力较强，近似矮秆香蕉，抗寒抗病中等，耐贮性中等，受冻后恢复生长较快。该品种丰产、果形好、品质较好、适应性强，适宜各地种植。但对水分、土壤要求较高。

8. 天宝蕉

属矮秆型香牙蕉类，原产福建天宝地区，现为福建闽南地区主要栽培品种之一。假茎高 1.6~1.8 米。叶片长椭圆形，叶片基部为卵圆形，先端纯平，叶柄粗短。果肉浅黄白色，肉质柔滑味甜、香味浓郁，品质甚佳。单株产量为 10~15 千克。抗风力强，该品种品质好、适宜密植、适应沿海地区栽种，为北运和外销最佳品种之一。但耐寒力较差，抗病力弱，品种存在退化现象，在栽培中应予注意。

9. 高州矮香蕉

属矮秆型香牙蕉类，是广东高州地方品种之一。植株假茎矮而粗壮，假茎高 1.5~1.7 米。叶宽大、叶柄短、叶鞘距密。果槽短，果梳距密，果指数多，果形稍小，果指长 16~20 厘米，果实品质较优良。一般栽培情况下，单株产量 13~18 千克，最高可达 28 千克。抗风力强、抗寒力也强，受寒害后恢复较快，也较耐瘦瘠土壤，适于矮化密植栽培。但产量低，果形小，抗束顶病能力弱。

10. 广西矮香蕉

属矮秆香牙蕉类，又名浦北矮、白石水香蕉、谷平蕉等，为广西主栽香蕉品种。假茎高 1.5~1.7 米，周长 46~55 厘米。叶长 140~161 厘米，叶宽 65~78 厘米，叶幅 275~310 厘米。果穗长 50~56 厘米，果梳 9~12 梳，果指数 135~183 个，果指长 16.2~19.2 厘米，品质上乘。单株产量为 11~20 千克。抗风和抗病能力强，但果指较小。

11. 河口高把香蕉

属高秆型香牙蕉类，为云南河口主要栽培品种。植株高大，假茎高 2.6~3 米。梳形整齐，果指数较多，通常每果穗有果梳 10 梳，果指数 200 多个，果指长 15~21 厘米，果实品质柔滑香甜，品质好。在一般栽培条件下单株产量为 20~40 千克，个别高产单株达 50 千克。该品种产量高、品质好，十分适宜高温、多湿及肥水充足的地区栽种。

12. 美蕉

属龙牙蕉类，又名龙牙蕉、过山香蕉，为福建的主栽品种。假茎高 3.4~4 米，黄绿色具少数褐色斑点。叶窄长，叶柄沟深。果形纹短而略弯，果指长 13~16.5 厘米，果指饱满、两端饨尖，果皮甚薄，成熟后皮色鲜黄美观、无斑点，果肉乳白色、组织结实、柔滑而香甜，可溶性固形物 23%~26%。单株产量为 15~20 千克。该品种品质好，适应性强，耐寒。但抗风力弱，产量一般，易感巴拿马枯萎病。

13. 西贡蕉

属粉蕉类，又名粉沙蕉、米蕉、糯米蕉、蛋蕉，约 1932 年从越南引入，为广西南宁、龙州一带的主栽品种，各产区均有引种。假茎高 4~5 米。叶柄极长，达 70 厘米，叶淡绿色而有红色斑纹，叶片背面密披蜡粉。果梳数多，达 14~18 梳，果指数多，果形似龙牙蕉但较大，两端渐尖、饱满，果指长 11~13.5 厘米，果皮薄，皮色灰绿，成熟时为淡黄色且易变黑，果肉乳白色、嫩滑，味甚甜，可溶性固形物 24%，最高达 28%，香气稍淡。单株产量为 15~20 千克，抗风，耐寒，耐旱，适应性强。该品种产量中等，品质优，抗逆性强。但皮薄易裂，不耐贮运，又易感染香蕉枯萎病。

14. 畦头大蕉

属大蕉类，为广东新会的地方品种之一。假茎高 3.5~4 米，周长 85~99 厘米，上下大小一致。果梳及果指数多，果指长 11~13.5 厘米。可溶性固形物 24%~25%，品质与其他大蕉相同。单株产量为 15~27 千克。抗风性好，但生育期较长。此外，广东顺德的顺德中把大蕉、广西的牛角蕉、福建的柴蕉、四川的板蕉、云南的饭蕉等均属大蕉类型。

四、香蕉植株繁育

香蕉在长期进化过程中，通过有性杂交和变异产生了大量的不同倍性和基因组大小的品种。根据它们的倍性及染色体数量的不同，可分为二倍体、三倍体和四倍体等。除极少品种是无核的二倍体和四倍体，绝大多数的食用蕉品种是三倍体。香蕉的栽培品种主要是单性结实生产无籽果实。传统的有性杂交是大多数香蕉栽培品种育种的主要方法，而利用最多的是三倍体品种与野生或栽培二倍体品种的杂交。

生产上香蕉的繁育除采用传统的吸芽繁殖和地下茎切块繁殖育苗，现在多采用组织培养的育苗方法，即用少量的优质吸芽就可以繁殖出大量的优质种苗。

（一）育 苗 方 法

香蕉虽然是多年生植物，但每株香蕉一生只能开花结果一次，结果后的母株便逐渐枯萎，需要及时砍掉，由地下球茎抽生的吸芽营养体来接替母株，继续生长、开花、结果。

1. 吸芽繁殖育苗

第一次在大田定植的吸芽叫作新植蕉，在新植蕉球茎上继续长出的吸芽叫作宿根蕉。在正常的情况下，每株香蕉一年可抽生 10 个左右的吸芽。吸芽分株繁殖方法简单，可获得健壮种苗，在生产上最为常用。但是，吸芽的大量产生及生长必将影响母株的正常生长发育。此外，吸芽生长的好坏对母株及后代的产量也有很大的影响。所以在选留吸芽时应根据母株的生长发育状态、吸芽的抽生规律及栽培水平等灵活掌握，使被选留的吸芽能苗壮生长发育，成为下一代的结果株。

（1）吸芽的种类

香蕉吸芽分类方法很多，有按照时间分类的，如褛芽（指立

冬前抽生的吸芽，披鳞剑叶，过冬后部分鳞叶枯死如褛衣）、笋芽
（在春暖后抽生的吸芽，叶鞘红色）和隔山飞（由收获后较久的旧
蕉头抽出的吸芽，又称水芽）3 种。

也有按照吸芽着生部位分类的，比如头路芽，是指生长中的母
株第一次抽生的吸芽，这种类型的吸芽多数着生于前端，所以也称
之为母前芽或子午芽。头路芽在吸芽发根之前主要从母株吸收营养
物质，对母株的生长影响较大。二路芽是指生长中的母株第二次抽
生的吸芽。由于这种类型的芽多数着生于母株球茎两侧，所以又称
为八字或侧芽，它对母株牵制小，生长较快，所以在生长上多选
留二路芽接替母株。三路芽，是指生长中的母株第三次抽生的吸
芽。越迟抽生的吸芽离地面越浅，这类的芽，组织不坚实，初期生
长迅速，但到后期生长缓慢，根系较少，容易遭受风害（图 4-1）。

图 4-1　香蕉母株及吸芽

（2）吸芽的选留

吸芽作为香蕉的繁殖工具，不仅对香蕉的产量和品质有着重要的影响，还可以调整香蕉的上市时间，在香蕉整个生产管理中占据着举足轻重的地位。香蕉母株整个生长发育过程中会不断抽生出新的吸芽，因此需根据上市时间和生长周期等因素把不合适的吸芽除掉，生产上称为除芽。吸芽要在优质丰产的母株上选择，要选吸芽球茎大，尾端小，似竹笋，生长健壮，伤口小，机械损伤小的苗。一般选取离母株 10 厘米左右的位置。尽量保持较整齐穴位，开沟渠种植香蕉。留芽的选择一般都是选留远离沟渠而靠近内缘的一侧。山地香蕉留芽以母株靠近山体一侧的吸芽为最佳，两侧为次，防止翻兜。

根据上市时间和生长周期等因素剔除不适合的吸芽，生产上称为除芽。除芽到一定阶段留下 2~3 个备选吸芽的过程称为留芽。除芽贯穿整个生长周期（吸芽抽出开始，最佳的时机是吸芽露出地面30 厘米高度）。另外，除了除芽外，割芽也是一种常用来减少吸芽与母株争夺养分的方式。与除芽相比，割芽操作更快，不伤害根系和球茎，不会造成土壤松动，可减少土传病菌为害和增加定芽选择等，不足之处在于没有破坏生长点，吸芽能很快恢复生长，既浪费养分又增加割芽的次数。

（3）起芽操作

起芽是指从生长健壮、无病虫害的一年生以上的香蕉植株母株上切取吸芽以供种苗繁育。

用于繁殖的吸芽应该球茎粗壮肥大、尾部尖细，无病虫害。因为吸芽大，在从母株上割离时容易伤及母株，需要特别小心。为避免损伤母株及吸芽的地下茎，在起挖吸芽时先将吸芽外缘的土壤挖成凹陷状半圆形，然后以脚或者手在近母株一边，用力向凹陷处推开，使吸芽从母株头部分离出来，再用手将吸芽头部带土拔起供繁殖之用。或者使用小铲先将要起用的吸芽外侧土壤小心挖开，取走吸芽与母株之间的土壤，使吸芽与母株分开。然后，拔出吸芽并回土将坑填平。吸芽必须带有本身的地下茎，定植后易于成活，切口最好涂以草木灰，并晾干后进行定植（图4-2）。在同一时期不宜在同一母株上选取过多的吸芽，以免影响母株的生长。

图4-2 用于育苗的吸芽

2.地下茎切块繁殖

地下茎切块繁殖主要是为了在短期内培育大量芽苗而采用的繁殖方法。此繁殖方法的优点是可减少病虫害、成活率高、结果整齐，初期植株比吸芽繁殖矮、较为抗风。首先把地下茎挖出以切除中心主芽，大的可切成7~8块，小的切成2块。然后切成小块，每块至少要重120克，并且保留1~2个粗壮的芽眼，切口涂上草木灰防腐。育苗时，可以按照株距约15厘米，把切块平均放于畦上，芽朝上，再盖土，覆盖草。芽出土后开始施稀尿水，以后每半个月施1次肥，共施4~5次。经过约7个月的管理，幼苗的高度长到1米以上时，就可以挖出来定植。芽苗出园前1周应连续喷施等量式波尔多液2次，以防叶斑病。如发现束顶病苗应及时铲除，并撒施石灰消毒，以防止传染。

（二）组培育苗

植物组织培养是指利用植物细胞的全能性，通过无菌操作分离植物体的一部分（即外植体），接种到培养基上，在人工控制的条件下进行培养，使其获得完整的再生植株。组织培养技术的最大优点是，在比较短的时间内能大量繁殖出无病优质壮苗。香蕉组培苗也叫试管苗，是切取香蕉良种吸芽苗顶端生长点作为培植材料，通过组织培养技术获得的无菌种苗。

1. 培养基的成分

培养基是人工配制的，满足不同材料生长、繁殖或积累代谢产物的营养物质。在离体培养条件下，不同种类植物对营养的要求不同，甚至同一植物不同部位的组织及不同培养阶段对营养要求也不相同。因此，选取适合的培养基是植物组织培养及其重要的内容，是决定成败的关键因素之一。大多数植物培养基的主要成分是无机营养物（大量元素和微量元素）、碳源、有机添加物、植物生长调节剂和凝胶剂等。

（1）无机营养物

无机营养物主要由大量元素和微量元素2大部分组成。大量元素中，氮源通常有硝态氮或铵态氮，但在培养基中用硝态氮的较多。磷和硫则常用磷酸盐和硫酸盐来提供。钾是培养基中主要的阳离子，而钙、钠、镁的需要则较少。培养基所需的钠和氯化物，由钙盐、磷酸盐或微量营养物提供。微量元素包括碘、锰、锌、钼、铜、钴和铁。

（2）碳源

培养的植物组织或细胞，它们的光合作用较弱。因此，需要在培养基中附加一些碳水化合物以供需要。培养基中的碳水化合物通常是蔗糖，除作为培养基内的碳源和能源外，对维持培养基的渗透压也起重要作用。

（3）维生素

在培养基中加入维生素，常有利于外植体的发育。培养基中的维生素多属于 B 族维生素，其中，效果最佳的有维生素 B_1、维生素 B_6、生物素、泛酸钙和肌醇等。

（4）有机附加物

最常用的有酵母提取物、椰子汁及各种氨基酸等。另外，琼脂也是最常用的有机附加物，主要是作为培养基的支持物，使培养基呈固体状态，以利于各种外植体的培养。另外，可以满足组培苗的不同养分需求。

（5）植物生长调节物质

植物生长调节剂是培养基中的关键物质，对香蕉组织培养起决定作用。常用的生长调节物质大致包括：①植物生长素类：如吲哚乙酸（IAA）、萘乙酸（NAA）、2,4- 二氯苯氧乙酸（2,4-D）。②细胞分裂素：如玉米素（ZT）、6- 苄基嘌呤（6-BA 或 BAP）和激动素（KT）。③赤霉素：组织培养中使用的赤霉素只有一种，即赤霉酸（GA3）。

2. 外植体消毒、接种及芽诱导

选取已抽蕾且生长健壮、无病虫害及变异情况的香蕉植株作为母株，取其健壮吸芽为香蕉组培快繁的外植体。从田间挖取健康香蕉植株基部的吸芽，用刀削掉吸芽表层污泥及叶鞘，并用流水冲洗干净。切取约 8 厘米 × 12 厘米的球茎基部，浸泡于 0.2%~0.5% 高锰酸钾溶液中 30 分钟进行初步消毒。然后用流水冲洗，除去吸芽表层附着的高锰酸钾，放于筐内晾干（图 4-3）。

图 4-3　外植体预消毒

超净工作台紫外灯照射 1 小时，实验台面擦拭干净后喷洒 0.1% 次氯酸钠溶液消毒。试验所用的手术刀和镊子等工具需在 0.1% 次氯酸钠溶液中浸泡 30 分钟以上，并在操作间隙将其在该浓度次氯酸钠溶液中清洗。组培所用的玻璃瓶清洗干净后，在 0.1% 次氯酸钠溶液中浸泡 30 分钟后取出倒置摆放（图 4-4）。然后在超净工作台中将外植体进一步切小，放置于干净的大烧杯中。

图 4-4　外植体超净工作台内消毒

用 75% 酒精浸泡 1 分钟后，取出放入无菌杯中，并用浓度为

0.1% HgCl₂溶液浸泡15分钟，再用无菌水冲洗4~5次，用无菌滤纸吸干表面水分。采用手术刀切除吸芽边缘并留取约4厘米×6厘米的球茎基部，再层层剥净吸芽表面叶鞘，暴露每层生长点，直至生长中心，切取中心2厘米×2厘米基部，整块置于诱导培养基上，28℃条件下，黑暗培养。诱导培养基每升含有6-BA 3毫克、NAA 0.1毫克、蔗糖30克、琼脂8克，其余为常规MS基础培养基，pH 5.8，高温灭菌备用。植株在顶端优势的影响下侧芽不能合成细胞分裂素，通过施用外源细胞分裂素可以打破顶端优势和休眠的影响，从而促进侧芽及休眠芽的萌发（图4-5）。一般认为细胞分裂素的施加浓度越高，诱导的芽越多，而不添加任何细胞分裂素的培养基的外植体芽启动缓慢，外植体不形成丛生芽。但是，任何植物生长都有比较适宜的浓度条件，并不是细胞分裂素添加得越多越好。

图4-5 外植体接种

3.丛生芽的诱导、继代

丛生芽的增殖是香蕉组培快繁的重要环节，增殖率影响繁殖效率。植物生长调节剂仍是影响香蕉丛生芽诱导的主要因素之一。分化培养基每升含有6-BA 2毫克、NAA 0.1毫克、蔗糖30克、琼脂8克，其余为MS基础培养基，pH 5.8。采取暗处理可以有效提高芽的增殖系数，在黑暗培养条件下芽的增殖率明显要高于光照培养。有研究者认为暗处理对增殖的效应超过激素浓度的效应，但不能忽视的问题是，在暗处理条件下香蕉芽体表现出发白、瘦弱，并伴随较高的变异率。所以，从获取健康植株的角度讲，每天保证 1 500~2 000 勒光照强度 10~16 小时，有利于香蕉苗更好地生长（图 4-6）。

图 4-6　丛生芽的培养

4. 生根培养

继代培养形成的不定芽和侧芽等一般没有根，要促使试管苗生根，必须转移到生根培养基上，诱导生根，使之发育成完整植株。生根培养基常用 1/2MS 培养基，无机盐浓度低有利于根的分化。同时，在培养基中加入一定浓度的生长素，如萘乙酸、吲哚乙酸、吲哚丁酸。一般在生根培养基中培养 1 个月左右即可获得健壮根系。常用生根培养基每升含有 NAA 0.1 毫克、肌醇 50 毫克、蔗糖 30 克、琼脂 8 克、活性炭 1 克，其余为 MS 培养，pH 6.0，高温灭菌备用。生根培养时增强光照有利于发根，且对成功地移栽到盆钵中有良好作用。故在生根培养时应增加光照时间和光照强度。但强光直接照射根部，会抑制根的生长，所以在生根培养时最好在培养基中加 0.3% 活性炭，以促进生根（图 4-7）。

图 4-7　组培苗生根培养

5. 组培中常见问题

由于香蕉组培育苗操作程序复杂，各种技术难题仍一定程度存在，如污染、材料褐变、瓶苗玻璃化、变异等现象常见不鲜，不同程度上影响到香蕉组培育苗的数量和质量，要引起足够的重视（图4-8）。

（1）污染的原因及防控措施

植物组培是在无菌条件下进行的，若有微生物进入培养瓶中，引起污染，组培将无法进行。污染主要是由真菌和细菌引起的。真菌在培养条件下生长快，容易观察到，一般在接种 3~5 天后出现，主要症状是培养基表面或材料附近出现绒毛状菌丝，然后形成不同颜色的孢子层，黑色、白色和黄色的孢子层较多见。究其原因，主要是培养环境中的真菌孢子随空气四处飘落，进入到培养容器中，发芽形成菌落，继而污染整个培养材料。细菌潜伏期长，很难在前期通过肉眼观察到，一般 5~10 天后，会在培养基表面、材料附近

图 4-8　组培苗工厂化生产

或在培养基里面形成（多见白色、黄色）黏液状菌斑、鼻涕状或丝状的菌落。其原因是培养材料带细菌消毒不彻底，或者由于使用了未消毒完全的操作工具，也可能是操作人员呼吸排出的气体中带细菌等。

　　污染会给香蕉组培工作带来很大影响和一定的经济损失，因此，有必要采取严格措施进行控制以减少污染。首先，由于外植体吸芽长时间与土壤接触，所带的微生物较多，因此，在吸芽预处理时，应尽可能多去除地下部分和外围部分，以便于后面的消毒灭菌工作。其次，在接种过程中，按照操作规程，要对外植体进行严格细致的消毒处理。接种操作半小时前应打开紫外灯，同时打开无菌风系统，对超净工作台进行消毒灭菌。最后，通过加强生产管理，提高接种工作人员的基本操作技能和防止污染意识。在进行培养基灭菌时，必须严格控制好消毒的时间，检查培养瓶盖是否存在无法密封的问题，确保培养基无污染。接种室与培养室要定期做好消毒，保持清洁干净，定期进行熏蒸或用 70% 酒精、新洁尔喷雾消毒。

（2）褐化的原因及防控措施

褐化是指外植体在诱导脱分化或再分化过程中，向培养基释放褐色物质，以致培养基逐渐变成褐色，外植体也随之变褐而死亡的现象。在植物组织培养中，由于组织中多酚氧化酶被激活，使细胞酚类物质被氧化而产生棕褐色醌类物质，从而出现了褐变这种现象。它严重地影响外植体的脱分化、再分化和生长，对培养过程的损失显而易见。

为了减少由褐变带来的对香蕉组培育苗的影响，需要注意以下几个方面的问题：夏季外植体吸芽材料褐变趋向性更明显，而早春和秋季的材料更适合取材。在初代培养时，适当降低培养基的无机盐浓度，可减少酚类分泌物的产生，从而减缓外植体褐变现象。同样地，选择适当的无机盐成分、植物生长调节剂水平、蔗糖浓度的组合与配比也可减轻褐变现象的发生。液体培养基由于可以及时扩散外植体渗出的有毒物质，因而有效减少了酚类物质对外植体的伤害，降低了褐变程度。另外，向培养基中加入聚乙烯吡咯烷酮（PVP）、活性炭等吸附剂，不但可以吸附植物分泌的褐化物质，而且能吸附培养基中的生长调节物质，可有效降低褐变的发生。同时，适当的暗培养条件可降低 PPO 活性，减缓植物组培中酚类物质的氧化，降低褐变程度。

（3）玻璃化的原因及防控措施

香蕉苗组培过程中经常会出现玻璃化现象，这是植物组织培养过程中所特有的一种生理失调或生理病变。具体表现为香蕉组培苗出现玻璃化苗叶、嫩梢呈水晶透明或半透明水浸状；整株矮小肿胀、失绿；叶片皱缩成纵向卷曲，没有功能性气孔，不具栅栏组织，仅有海绵组织。玻璃苗中因其体内含水量高，干物质、叶绿素、蛋白质、纤维素和酶活性降低，组织畸形，器官功能不全，分化能力降低，所以很难成活，严重影响繁殖率的提高。香蕉组培苗玻璃化主要由以下原因引起：琼脂和蔗糖浓度与玻璃化呈负相关，即琼脂或蔗糖浓度越低，玻璃苗的比率越高。液体培养是导致玻璃化的主要原因，因为试管苗玻璃化很可能是培养基内水分状态不适应的一种生理变态。另外，培养基中植物生长调节剂浓度与玻璃化呈正相关。同时，培养条件如光照时间、通风条件和温度对玻璃苗的生成也有所影响。

控制香蕉苗的玻璃化要从培养基的环境条件和生理生化方面入手。具体措施：利用固体培养基，增加琼脂浓度，降低基本培养基的衬质势，造成细胞吸水阻遏。提高琼脂纯度，降低玻璃化。适当提高培养基中蔗糖含量或加入渗透剂，降低培养基中的渗透势，减少培养基中植物材料可获得的水分，避免造成水分胁迫。降低培养容器内部环境的相对湿度。适当降低培养基中植物生长调节剂的浓度。适当低温处理，避免过高的培养温度，在昼夜变温交替的情况下比恒温效果好。增加自然光照，玻璃苗放于自然光下几天后茎、叶变红，玻璃化逐渐消失，因自然光中的紫外线能促进试管苗成熟，加快木质化。

（4）变异的原因及防控措施

组培过程中会出现一些类似愈伤组织块、白化苗、单株苗等变异现象，严重地阻碍了组培苗的正常生产。变异的产生是多方面的，主要与外植体类型及品种、培养基中植物生长调节剂浓度水平、继代次数、培养条件等相关。为了防止组培中变异苗的发生，正确选择香蕉的组培材料是保证组培苗质量的第一步。选择变异率较小的品种，生物学特性和经济性状表现优良，生长旺盛的健康植株吸芽。选芽时，最好取刚出土不久的剑芽。一般来说，培养基中含有多种植物生长调节剂时，变异率明显大于单一植物生长调节剂，而且植物生长调节剂浓度过高也容易导致变异。因此，在保证组培苗质量的前提下，尽量减少添加的植物生长调节剂种类和浓度。同时，蔗糖浓度控制在3%以内也可以有效降低变异率。

另外，培养光照度和温度对组培苗的质量也有很明显的影响。培养光照度在8 000勒的比1 500勒的产生的变异率明显要高。增殖芽培养温度高于35℃或低于12℃都会影响细胞分裂，造成变异。试管苗继代次数与变异率呈显著正相关性，即不定芽继代次数越多其变异率也就越高。因此，在培养代数方面，一般增殖芽继代培养都不能超过15代，时间不超过12个月。此外，在继代或生根接种时应及时剔除空心、发泡、发白、基部产生愈伤组织、长相歪扭不直、长势缓慢不正常或不分化等症状的变异苗。

6. 大棚育苗

（1）香蕉假植苗圃地的选择

香蕉试管苗是取吸芽苗顶端生长点经组织培养而成，其培育环境与大田定植环境差异悬殊，且苗弱小，高度与叶片数较不一致，直接大田定植不能适应环境，先要进行大棚假植育苗以生产出适宜大田定植的高质量香蕉苗。香蕉组培苗假植苗圃地宜选择阳光充足，地域开阔，雨后无洼积水，病虫源少，土壤适作营养杯基质土，有清洁水源的地方。育苗地附近须无香蕉园和花叶病中间寄主植物。宜选择远离旧蕉园及容易传播香蕉病害昆虫的中间寄主作物50米以上，如茄科的茄子、辣椒，葫芦科的瓜类，以及玉米、生姜、芋头等。同时选择交通方便，有淋喷灌水源，排水良好且周围无树木和高大建筑遮阴的地方建育苗棚（图4-9）。

（2）培养炼苗

组培苗的炼苗。炼苗即驯化，目的在于提高组培苗对外界环境条件的适应性，提高其光合作用的能力，促使组培苗健壮，从而提高组培苗移栽成活率。驯化应从温度、湿度、光照及有无菌等环境

图4-9 假植苗大棚繁育

要素进行，驯化开始数天内，应和培养时的环境条件相似；驯化后期，则要与预计的栽培条件相似，从而达到逐步适应的目的。驯化的方法是将长有完整组培苗的试管或三角瓶由培养室转移到半遮阴的自然光下，并打开瓶盖注入少量自来水，使组培苗周围的环境逐步与自然环境相似，恢复植物体内叶绿体的光合作用能力，提高适应能力。

（3）沙床假植株

将试管苗培养基洗干净，用5%高锰酸钾溶液浸根茎3~5分钟，然后用新鲜细河沙将苗成畦成排培植，淋足定根水。注意从组培盒中取出发根的小苗，用自来水洗掉根部黏着的培养基，以防残留培养基滋生杂菌。要轻轻除去，应避免造成伤根。培植当天或第二天用25%敌力脱（丙环唑）乳油2 000倍液、70%甲基托布津可湿性粉剂1 000倍液或50%多菌灵可湿性粉剂1 000倍液喷湿叶片，用地膜覆盖试管苗5~7天，进行保温保湿，以防止叶片水分散失，待幼苗长出心叶后（7~10天），可用0.2%尿素或复合肥水溶液喷淋。

（4）营养土的配制

配制好无毒、无病菌而又富含有机质的营养土是培育健康合格杯苗的关键。森林灌木丛的表土和塘泥、河泥等腐殖质较丰富，是最理想的营养土。营养土要求疏松透光，无土传病虫害，并有一定黏性，pH 6.0~6.5，有机质含量 5%~10%，含全氮 0.5%~1%，速效氮＞60~100 毫克 / 千克，速效磷＞100~150 毫克 / 千克，速效钾＞100 毫克 / 千克。营养土的种类：可选用人畜粪便、炉渣、草木灰、稻壳、森林腐叶或火烧土和塘泥、园土配合而成。每立方营养土混和 100 克 50% 多菌灵可湿性粉剂或 70% 甲基托布津可湿性粉剂等杀菌剂，密闭熏蒸 3~5 天即可使用。

（5）肥水管理

香蕉移栽试管苗对水分的要求很严格，基质过湿或过干都可引起假植苗的死亡。一般试管苗在假植后要及时浇足定根水，以后可 2~3 天浇水 1 次，新叶长出后改为每 1~2 天浇水 1 次。香蕉假植苗对湿度的要求也很严格，假植后应保持湿度在 95% 左右。小苗在出圃前应逐渐减少水分的供应，对苗木进行锻炼，以提高对大田环境的适应性。香蕉假植苗对肥料的要求相对要宽松些，施肥要掌握好时期，多在长出新根或抽出新叶之后，以施稀薄的肥料为主，如施 0.1%~0.3% 的复合肥。叶片施肥主要以含 N、P、K 元素的肥料，如 1% 绿旺 N、绿旺 K 和磷酸二氢钾等。

（6）病虫害防治

假植在大棚内的香蕉组培苗因棚内高温多湿，为细菌或真菌提供了很好地繁殖环境，小苗很容易诱发病害。种苗前棚内、外应喷雾 1 次杀虫剂和杀菌剂。应经常检查新叶，平时出现叶斑病应及时清除病叶或病株，并喷药消毒。香蕉叶斑病，叶片表面会出现锈红色斑点，叶斑病的控制可喷洒 50% 多菌灵可湿性粉剂 800 倍液，每隔 15 天喷 1 次，或用 70% 百菌清可湿性粉剂 1 000 倍液喷杀，每隔 10 天喷 1 次；溃疡病可用 10% 溃疡宁可湿性粉剂 600 倍液或灭病威喷杀，每 3 天喷 1 次，同时及时清除腐烂植株和杂草。

（7）棚内环境要求

香蕉试管苗要求弱的光照，塑料大棚适当遮阴和合理密植有利于叶片抽生。晴天光照的调控：晴天光照强烈，不利于叶片抽生，还易使植株失水受旱。应合理密植，并加盖遮阳网减弱光强。香蕉试管假植苗生长的最适宜温度为 28~32℃。温度低，生长缓慢；温度过高，容易引起植株受灼伤。试管苗性喜高温高湿，但高温高湿也利于病虫害发生蔓延。在移栽后 2 片新叶前保持 95% 的棚内空气相对湿度至关重要，只有当气温超过 35℃时才揭膜降温、降湿；2 片新叶后当棚内相对湿度较高（90%~100%），可逐渐揭棚降低空气湿度，防止病虫害发生和蔓延。

五、香蕉优质高产栽培技术

（一）香蕉园建设

1. 园地选择

适宜的气候条件为年均温度 ≥ 20.1℃，≥ 10℃年活动积温 ≥ 7 500℃，最低月平均气温 ≥ 12℃，全年无霜。

土壤条件为黏壤土至沙壤土，pH 5.5~7.5。土层厚度 60 厘米以上，地下水位距地面 > 80 厘米。地面坡度 > 15°。

设施条件为能排能灌，可实现通路通电，远离砖瓦厂、化工厂、水泥厂等空气污染源的区域。

2. 小区划分与防护林布置

根据园地的地形、土壤等环境条件和有利管理的原则，划分若干小区，小区面积以 3~7 公顷为宜。在沿海台风区和常风较大的地区，园地及小区周围宜营造防护林带，林缘距以 5~6 米为宜。

3. 道路布置

全园每个小区均设连接道路，一般主干道宽 5.5 米，田间作业道宽 3.5 米。主干道应与工具房、包装房、田间作业道、园外道路相连。

4. 排灌系统布置

将园地分为若干小区后，在园地四周设总排灌沟，园内设纵横大沟并与畦沟相连，在坡地建园还应在坡上设防洪沟。根据地势确定各排水沟的大小与深浅，以在短时间内能迅速排除园内积水为宜。

无自流灌溉条件的蕉园，建设蓄水或引堤水工程，并安装水肥一体化设施。有自流条件的蕉园可采用基于文邱里效应的自动吸肥系统，既简便又高效（图 5-1 至图 5-4）。

5. 采收设置布置

架设以镀锌钢管为材料高约 2 米、底宽约 1.5 米的拱形采收索

图 5-1　田间排水支沟

图 5-2　主排水沟接田间支沟排水效果良好

图 5-3　自动施肥系统

图 5-4　肥料液与水经自动施肥系统混合后，通过微喷带共施

道，作为将果穗运往包装房的田间设施，索道距最远的蕉株直线距离＜50米；面积较小，地块分散的蕉园无法架设采收索道时，则配套特制采收车辆作为无伤运蕉设备。

（二）备耕与定植

1. 整地备耕

在定植前，先犁地，深翻45厘米，用旋耕机将土壤耙松、细碎，将树根、杂物、杂草清出园外。在平缓的园地，若地下水位低则开沟定植，苗在沟里；若地下水高则开沟起畦定植，苗在畦面。在坡度明显的园地，坡度＜5°则修筑沟埂梯田，坡度＞5°则修筑等高梯田，苗在田面。

2. 植穴准备

平缓的园地植穴大小一般为口50厘米 ×50厘米，深45厘米，底40厘米 ×40厘米；山坡地植穴口60厘米 ×60厘米，穴深55厘米，底50厘米 ×50厘米。

3. 回穴、施基肥

回穴时施入基肥，用充分腐熟的牛粪、猪粪、鸡粪、羊粪等有机肥加磷肥与表土混匀填回植穴，留深20厘米净回表土（不宜含基肥）。每穴用有机肥5~10千克加磷肥200~250克。植穴宜在定植前1个月准备好。

4. 定植

选择本地适栽，抗逆性较强，高产优质，市场畅销的品种。当前主栽品种有桂蕉6号、桂蕉1号（特威）、巴西蕉，抗枯萎病品种南天黄、粉杂1号，广粉、金粉、贡蕉也有一定规模栽培。

按《香蕉 组培苗》（NY/ T 357—2007）的规定，使用组培苗（试管苗）作为定植材料，每公顷定植株数约2 250株。可依据品种特性、当地气候、地形地貌调整种植密度。植株相对高大或单株产量高的品种适当疏植，植株相对矮小或单株产量低的品种适当密植。阳光充足、气温高的地区适当密植，相反则适当疏植。

可采用长方形、正方形、三角形或宽窄行等种植规格。宽窄行定植，宽行行距 2.94 米，窄行行距 2 米，株距 1.8 米。在春末夏初或夏末秋初定植，避开高温和低温时节。定植前先按大小、强弱将苗分成 2 级，同级苗定植在一起以便齐苗管理。定植时，在植穴面中央挖一个小穴，小心除去塑料杯（袋），保持育苗基质块完整不松散，将基质块置于小穴中，分层用细土填入基质块周围，并用手稍压实。定植深度以超过基质块上表面 2.5 厘米。定植后灌足定根水，以后酌情灌溉以保成活。如遇高温干旱天气，用带叶树枝或芒萁等材料插在蕉苗周围遮阴，早晚时段灌溉（图 5-5、图 5-6）。

图 5-5　旱坡地等高开深沟定植

图 5-6　易涝平地开沟起畦在畦面上定植

（三）土壤管理

1. 调节土壤酸度

土壤 pH ≤ 5.5 的蕉园，应施用石灰调节土壤酸碱度，每年每公顷蕉园的石灰施用量为 750~1 500 千克，并增施有机肥。

2. 土壤覆盖

定植蕉苗后约 2 个月，待杂草生长高度为 20 厘米之前，用透水防草布覆盖植穴周围或畦面，蕉苗假茎周围 30 厘米范围留空不覆盖。

3. 间作

如需要间作，则先不用覆盖防草布。在蕉苗定植前 1 个月或定植后 20 天开始，在行间、株间的空隙地间种花生、大豆、绿豆、南瓜、西瓜、辣椒等矮生作物，间作物应距蕉株基部 40 厘米以上。间作物收成后，再用防草布将秸秆、残茬覆盖。

4. 除草

定植蕉苗后约 2 个月内，若使用化学除草剂则会影响小苗生长。蕉苗假茎周围 30 厘米范围的杂草，采用人工拔除、铲除，可结合松土作业进行；畦面的杂草在防草布覆盖 2 周后则会枯死。因此，采用少量人工除草结合防草布控制杂草，将蕉园杂草控制在不

图 5-7　畦面的杂草在防草布覆盖

影响香蕉植株正常生长范围即可（图5-7）。

5. 松土、培土

新植蕉园，定植蕉苗后约2个月，在雨后或停止灌溉1~2天，结合人工除草作业进行松土，深度以10~15厘米为宜（图5-8）。

图5-8　结合人工除草作业进行松土

植株生长到假茎高80~100厘米时，蕉头（球茎）有小部分露出，结合施有机肥和修畦沟作业进行培土，厚度10~15厘米，蕉头不露、根系不露为宜。

（四）水分与养分管理

1. 水分管理

（1）排水

淹水时间过长（蕉园浸水3天后），蕉园中大部分香蕉叶片变黄，香蕉根系变黄，缺氧坏死，变黑腐烂，从而使整个香蕉植株枯萎，死亡。因此，当园内水分过多时，应及时排除积水；地下水位过高时，应及时将地下水位降至60厘米以下。

（2）灌溉

香蕉短时缺水叶子两半片下垂，气孔关闭，光合作用暂停。严重干旱会使叶片枯黄凋萎，新叶不抽生，但球茎较耐旱。缺水1个月在各生长期引起的变化：7~12片叶龄时，没有特别的影响；13~18片、19~24片、25~30片叶时，分别延迟抽蕾43天、32天和28天，但叶片数不变；13~24片叶时缺水，果穗的果指数减少。所有缺水单株产量均较低，尤其是19~24片叶龄以上时。缺水一般造成收获后果实的青果耐贮性差。

当土壤田间持水量≤75%时应及时灌溉。营养生长旺盛期、抽蕾期、果实生长期需水量大，通过灌溉保持土壤田间持水量达80%~85%；苗期和果实成熟期需水量较小，则保持土壤田间持水量60%~80%；采果前7~10天应停止灌溉。

灌溉方式有微喷灌、滴灌、小管出流、漫灌。微喷灌便于水肥共施，铺设和维护简便，设施成本低（图5-9）；滴灌水分输送距

图5-9　微喷灌

离较远，可实现较为均匀水肥共施；小管出流在高温干旱季节和地区，可实现短期内大量灌水；地下水位较高，地表水源充足的地区，可用沟渠漫灌。灌溉时长、时点，则根据植株生长、天气、蕉园所处地形地貌及土壤理化性质进行适度调整。

2. 施肥管理

（1）施肥原则

应用营养诊断技术，平衡养分供需，有机肥与化肥、微生物肥相结合，满足香蕉对各种营养元素的需求，配方施肥，以产定肥，足量而不过量。

农家肥和商品肥种类的使用参照《绿色食品 肥料使用准则》（NY/T 394—2013）的规定执行。

微生物肥种类与使用参照标准《微生物肥料》（NY/T 227—1994）的规定执行。农家肥应堆放，经 ≥ 50℃发酵15天以上充分腐熟后才能施用；沼气肥需经密封储存30天以上才能使用。

不应使用未经国家有关部门批准登记的商品肥料产品。

禁止使用含有重金属和有害物质的城市生活垃圾、工业垃圾、污泥和医院的粪便垃圾。

达到《农用污泥中污染物控制标准》（GB 4284—1984）规定的污泥可作基肥。

化肥作追肥应在采果前30天停用，叶面肥应在采收前20天停用。

（2）施肥量及配比

推荐肥料施用比例为氮（N）：磷（P_2O_5）：钾（K_2O）=1：0.4：1.2，其中每株每次施用量大约为氮（N）300~400克、磷（P_2O_5）90~200克、钾（K_2O）390~880克。具体施肥量及配比应根据当地气候条件、土壤肥力、生产目标、种植密度、品种、管理水平等情况适当调整，有条件者宜施用香蕉专用肥。

（3）施肥时期与分配比例

前期（植后前 3 个月）施壮苗肥，用量占总施肥量 30%，目的在于壮苗壮秆，应掌握勤施薄施的原则，施氮肥、磷肥为主，适量施用钾肥。植后 10~15 天，小苗抽出的第一片新叶完全展开后开始追肥，以后每 7~10 天施一次，共施 3~4 次，推荐每株每次淋施 400 倍尿素水溶液或腐熟稀薄人畜粪尿约 4 千克。植后第二个月，每 10~15 天施一次肥，共施 2~3 次，推荐每株每次淋施尿素 200 倍液或硫酸钾复合肥水溶液约 4 千克。尿素与复合肥交替施用。植后第三个月，每 10~15 天施一次肥，共施 2~3 次，推荐每株每次淋施混合肥（尿素：硫酸钾 =1：1）100 倍液约 4 千克，或撒施上述混合肥 50~75 克，有条件者采用灌溉式施肥（液态施肥）。注意施肥量可逐月加大，但施肥浓度不应过高，施用量不应过多。

中期（植后 4 个月至抽蕾前）施壮蕾肥，用量占总施肥量 30%，目的在于壮蕾，提高花质。以施钾肥、氮肥为主，磷肥为次。每 15~20 天施一次肥。推荐中期施肥量为每株尿素 400 克、硫酸钾 1 000 克和硫酸钾复合肥 350 克，分 6~8 次施用。施用时尿素与硫酸钾（或硫酸钾复合肥）混合均匀后施用，多采用撒施或沟施，有条件者采用灌溉式施肥。

后期（抽蕾后至采收期）施壮果肥，用量占总施肥量 40%，目的在于促进果实膨大，提高果实品质。主要施用钾肥和氮肥，分别在现蕾、断蕾和套袋后各施一次肥。推荐后期施肥量为每株尿素 150 克、硫酸钾 350 克、硫酸钾复合肥 250 克，分 3 次施用。此外，还可结合病虫害防治喷施 0.2%~0.3% 磷酸二氢钾或其他叶面肥。

（4）施肥方法

淋施（液施），多用于植后 50~60 天内的苗期，人畜粪尿（沤制成水肥）、尿素、复合肥等施用时多用此法。化肥液施时，应事先将肥料用水充分溶解并混合均匀成一定浓度，淋于蕉苗基部周围，肥液不宜淋到叶片。

沟施，多用于香蕉前中期生长阶段。沟施化肥时，在树冠滴水线周围开侧沟、半环沟或环状沟，沟宽约 20 厘米、深约 10 厘米，均匀将肥料撒施于沟内，施后覆土。沟施有机肥时，在树冠滴水线或行间挖沟施用，沟宽 40 厘米、深 20 厘米（图 5-10）。

撒施，在香蕉根系活动较强的季节如夏秋季、处于中期生长阶段可撒施化肥。方法是在喷灌前、雨后或漫灌后，将肥料均匀撒于畦面。

灌溉式施肥，又称液态施肥、加肥灌溉，将肥料溶入灌溉水中，以较小的流量，均匀、准确地直接输送到香蕉根部附近土壤中，具有优质、高产、节能、高效、无污染的优点。此施肥方法适合于具有喷灌、滴灌等设施的蕉园采用。有条件者，推荐采用此法进行施肥。

叶面施肥，除根际施肥外，可在各生长阶段适当进行叶面施肥，如喷施 0.2% 磷酸二氢钾 +0.2% 尿素 +0.2% 硫酸锌 +0.4% 硫酸镁的混合液。也可喷施氨基酸叶面肥、微量元素叶面肥、腐殖酸叶面肥等，具体施用技术严格按照说明书要求进行。叶面喷施肥料时，宜在肥液料中加入少量黏着剂（如柔水通）、中性肥与较好的洗涤剂，并在叶面叶背一起喷施。

图 5-10　肥料撒施于定植沟，然后淋水

（五）植株管理

1.除芽与留芽

1年只收1造的单造蕉，应将吸芽及时去除。计划留芽生产下一造的，则在蕉株抽蕾前，把吸芽及时挖除，抽蕾后选留一壮芽生长，其余吸芽及时去除。2年收2造或3年收5造的多造蕉，在留芽与除芽时，应掌握母株刚挂果时，选留吸芽（子代）。当子代吸芽接近花芽分化（约长出20片大叶）时，再选留1个吸芽（孙代），多余的吸芽应及时去除。

机械除芽，当吸芽长到15~30厘米高时，用锋利的钩刀齐地面将其切除，然后破坏其生长点。化学除芽，当吸芽长到15~30厘米高时，在吸芽中心（由叶片形成的喇叭口）或生长点中注入化学药剂（图5-11）。

2.割除枯叶、病叶、旧假茎

当植株上的叶片黄化或干枯占该叶片面积2/3以上或病斑严重

图5-11　除吸芽

时，应及时将其割除，并清出蕉园。当采收3个月后，应及时砍除旧假茎，可将砍下的假茎切碎后就地铺于畦面，但应在其上撒施石灰，并喷洒防治香蕉象鼻虫的杀虫剂（图5-12）。

图 5-12　割除枯叶、病叶、旧假茎

3. 校蕾、绑叶

当植株抽蕾时，应经常检查蕉株，如花蕾下垂的位置刚好在叶柄之上的，应及早将花蕾小心移至叶柄一侧，使花蕾下垂生长。同时将靠近或接触至花蕾的叶片绑于假茎上，避免擦伤雌花子房（果皮）。

4. 抹花

在果指末端小花花瓣刚变褐色时，将小花瓣和柱头抹除。抹花宜选择晴天上午 10:00 以后进行，开花 2 天内或早上露水不干时不宜抹花。

5. 疏果

每穗果选留 6~9 梳果为宜，果梳过多时，可将果穗下部果梳割除，如头梳果的果指太少或梳形不整齐时也应将其割除。具体去留果梳多少，要根据挂果季节、蕉株功能叶片数及新植或宿根等情况而定。同时应疏除双连或多连果指、畸形果或受病虫为害的果指。果穗最后一梳果应保留一个果指。

6. 断蕾

当花蕾的雌花开放完毕，且若干段不结果的花苞开放后，即可进行断蕾，断口应距末梳小果 12 厘米（图 5-13）。断蕾宜选择晴天午后进行，雨天或早上露水不干时不宜断蕾。

图 5-13　断蕾

7. 果穗套袋

选用无纺布袋、PE 薄膜袋（厚度为 0.02~0.03 毫米）、珍珠棉袋或香蕉专用袋等作为套袋材料。规格一般长 120~135 厘米、宽 60~80 厘米，具体依果穗大小而定。套袋需在断蕾后 10 天内完成。

套袋前对果穗喷施一次防治香蕉黑星病的杀菌剂和防治香蕉花蓟马的杀虫剂。套袋时，上袋口应距离头梳果的果柄 25 厘米以上，用绳子将之扎实在果轴上；下袋口可不绑或稍绑，并记录断蕾套袋时间。夏季使用 PE 薄膜袋必须打孔，还应事先在果穗中上部向阳面加垫双层报纸、牛皮纸、软质包装纸或无黑星病的护叶，将袋子与果实隔开（防晒）；冬季温度降至 8℃以下时，应套双层袋或在袋内加牛皮纸，并扎实下袋口防寒（图 5-14）。

图 5-14　果穗套袋

8. 调整果穗轴方向

对果穗轴不与地面垂直的，宜用绳子绑住果穗的末端，拉往假茎方向并固定在假茎上，使其与地面垂直。

9. 立桩防风

可选用坚韧的竹子或木条作蕉桩。抽蕾前立桩时，一般在距蕉头 30 厘米处打洞，洞深 60 厘米，将蕉桩竖入洞中并压紧，然后用塑料片绳等将假茎绑牢于蕉桩上，抽蕾后应调节蕉桩达到不与花蕾（果穗）接触；抽蕾后立桩时，将蕉桩立于蕉蕾（果穗）的另一侧或蕉蕾斜侧边，避免蕉桩与果实接触，蕉桩上部绑牢于果轴上。

（六）留茬或连作

一般蕉园生产周期为 2~3 年，具体根据蕉园发病率与产量、质量和经济效益等而定。

1. 耕作方式

（1）连作

将原蕉园的植株位置变更，即把原有的畦沟填土定植蕉苗，而植蕉的位置开成新畦沟，并深耕松土和增施有机肥。其他方面管理与新植蕉园相同。

（2）留头宿根蕉园

通常在早春气温回升后至发根前，进行中耕或深耕松土。平地蕉园中耕，丘陵坡地、旱地蕉园应深耕 20 厘米。中耕或深耕应距蕉株基部 60 厘米以上，同时挖除隔年的旧蕉头（球茎），但上年刚收过果的地下茎应予保留一段时间。宿根蕉园的施肥量为新植蕉园的 80%~85%。

2. 施肥方法

（1）攻芽肥、攻蕾肥

每株施肥量为腐熟禽畜粪便或土杂肥等有机肥 10~15 千克（或饼肥 1~1.5 千克）、磷肥（钙镁磷肥或过磷酸钙）200~250 克、尿素 300 克、硫酸钾 800 克和硫酸钾复合肥 300 克。采收后及时施有机肥和磷肥，促进吸芽生长。往后约 20 天施肥一次，每次施用量 100~150 克/株，前期（吸芽抽 10 片阔叶前）可施用下限、中期（吸芽抽 10 片阔叶后）可施用上限，目的在于壮蕾，提高花的质量。以施钾肥、氮肥为主，磷为次。每 15~20 天施一次肥。中期施肥量为每株尿素 400 克、硫酸钾 1 000 克和硫酸钾复合肥 350 克，分 6~8 次施用。施用时尿素与硫酸钾（或硫酸钾复合肥）混合均匀后施用，多采用撒施或沟施，有条件者采用灌溉式施肥。

（2）壮果肥

分别在现蕾、断蕾和套袋后各施一次肥。推荐后期施肥量为每株尿素 150 克、硫酸钾 350 克、硫酸钾复合肥 250 克，分 3 次施用。此外，还可结合病虫害防治喷施 0.2%~0.3% 磷酸二氢钾或其他叶面肥。

（七）轮　作

蕉园淘汰后种植其他作物 1~5 年后再重新种植香蕉。通过轮作，可减少香蕉病源、虫源和草源，减轻病虫、杂草的危害；有利于土壤养分利用均衡，以防某些养分片面消耗和累积；有利于土壤肥力调节、土壤理化性质和微域生态环境的改善。

轮作谷类作物和多年生牧草，借助庞大根群，疏松土壤、改善土壤结构；轮作绿肥作物和油料作物，可直接增加土壤有机质来源。根系伸长深度不同的作物轮作，深根作物可以利用由浅根作物溶脱而向下层移动的养分，并把深层土壤的养分吸收转移上来，残留在根系密集的耕作层。同时轮作可借根瘤菌的固氮作用，补充土壤氮素，如花生和大豆每亩可固氮 6~8 千克，多年生豆科牧草固氮的数量更多。

香蕉与水稻或其他水生作物轮作还可改变土壤的生态环境，增加水田土壤的非毛管孔隙，提高氧化还原电位，有利土壤通气和有机质分解，消除土壤中的有毒物质，防止土壤次生潜育化过程，并可促进土壤有益微生物的繁殖。

六、香蕉主要病虫害及其防治

（一）主要病害及其防治

1. 香蕉枯萎病

香蕉枯萎病亦称巴拿马病、黄叶病。该病害一般由根部侵入，破坏维管束导致植株死亡，目前是全球香蕉最重要的毁灭性土传病害。至今为害香蕉的 2 种病菌为 1 号小种与 4 号小种，20 世纪初期，1 号小种几乎造成香蕉品种大蜜哈的毁灭，4 号小种主要为害香蕉品种卡文帝斯，目前 4 号小种为害香蕉品种多，危害面积大，引起各香蕉种植国家的高度关注。

（1）症状

在香蕉的各个生长期，从幼小的吸芽至成株期都能发病。发病初期下部叶片及叶鞘处发黄，从叶边缘向中脉逐渐扩展，香蕉生长缓慢；发病中期叶片折断，积集在一起，似围裙状；发病后期叶片向下、向上折断，倒垂并发黄，植株干枯而死亡。总之，香蕉枯萎病的主要病变特征：一是叶片变黄色，下垂；二是假茎基部靠近地面处开裂；三是假茎和根部的维管束变红色或褐色（图 6-1、图 6-2）。

图 6-1 香蕉枯萎病症状

图 6-2 香蕉枯萎病假茎

（2）发病规律

香蕉枯萎病是一种由带菌的吸芽、病株残体及带菌土壤引起的真菌性病害，病原菌为尖孢镰刀菌古巴专化型，属于半知菌亚门肉座目镰孢菌属。通过土壤、工具和流水传染到健康植株，病菌随病残体遗落土壤中生活。还可由母株的根茎导管蔓延到吸芽。病株枯死后，病菌随病残物混入土壤中，可在土壤中存活数年至数十年之久，导致香蕉种植面积逐年减少以致绝收。

（3）防治方法

目前对该病最有效的防控措施，是加大检疫检测的防控力度，在生产上，对发病的蕉园，种植前使用土壤消毒剂降低土壤的病原孢子浓度。

①种植通过审定的优势抗病苗，降低植株的发病率。

②增施有机肥和钾肥，及时杀灭地下线虫及象甲类害虫，通过施用含有拮抗菌的有机肥，调节根际土壤的有益微生物种群，从而增强植株抗病力。

③发生香蕉枯萎病的蕉园要及时挖除病株，就地晒干焚烧。有条件的可先用草甘膦溶液注入发病的香蕉植株（在植株高 15 厘米处注入，大株 10 毫升、小苗 3 毫升），待植株枯死后，收集病株集中烧毁或深埋处理。

④零星发病区的蕉园必须改种其他非蕉类作物或做其他用途。

⑤重病区的蕉园要用石灰或多菌灵等药剂对病株周围的土壤进行消毒处理，并进行农业防治。

⑥重病园提倡轮作，发生香蕉枯萎病的地块不宜种植葫芦科植物如西瓜、南瓜、黄瓜、甜瓜、苦瓜、丝瓜、冬瓜等。采用多菌灵、噁霉灵、甲霜噁霉灵等药剂对发病田块进行 2~3 次土壤消毒，降低土壤中病原菌数量。

香蕉优质丰产栽培彩色图说

（4）香蕉种苗检疫和管理

严格的育苗管理：对用于组培苗生产的吸芽要严格检疫，严禁在病区及其邻近蕉区选取。二级蕉苗大棚应选在地势高、远离蕉类作物的地方；需用无香蕉枯萎病病菌的土壤培养，用无污染的水灌溉；采用多菌灵、生石灰水等药剂消毒出入大棚的工具，在育苗场进出口设消毒间，严禁非蕉苗生产人员进入棚内。

种植健康蕉苗：一级、二级蕉苗需进行产地和调运检疫，严禁病区的蕉苗（组培瓶苗和袋苗除外）和病土调到无病区，种植者应购买经过检疫合格的香蕉种苗。

2. 香蕉叶斑病

香蕉叶斑病是香蕉生产中为害最广，影响较大的病害之一。世界上每年因香蕉叶斑病可导致香蕉减产30%~50%。一般叶斑病包括黄条叶斑病和黑条叶斑病，而叶斑病也包含了多种叶部病害，常见的有香蕉灰纹病、煤纹病和褐缘灰斑病（图6-3）。

图6-3　香蕉叶斑病

（1）症状

香蕉叶斑病的症状最先引起蕉叶干枯，减少叶片的光合作用面积，从而导致植株早衰，影响果实发育。病株因营养期的生长受到影响，其果实品质欠佳，不耐贮藏，容易腐烂。由不同病害引起的香蕉叶斑病类病害各有典型症状，大部分能明显区分，但在香蕉黄条叶斑病发生比较严重阶段时，与香蕉黑条叶斑病无法区别。病害诊断的不确定性还表现为存在多种病原菌混合侵染，更有甚者，有黄条叶斑病和黑条叶斑病的混合侵染，很难单独从症状上区分两种病害。

香蕉黑条叶斑病的病菌以菌丝体、分生孢子及子囊孢子在田间病株和病残叶上越冬。最初发病时在叶脉间生有细小褪绿斑点，后逐渐扩展成狭窄的、锈褐色条斑或梭斑，两侧被叶脉限制，外围呈黄色晕圈。随着病情的发展，条纹颜色变成暗褐色，然后逐渐加深为黑色，病斑扩大呈纺锤形或椭圆形，形成具有特征性的黑色条纹。病斑背面生有灰色霉状物，其为病原菌子实体。高湿条件下，病斑边缘组织呈水渍状，中央很快衰败或崩解。发生病害较多时，病斑融合、大片叶组织坏死，严重者整叶干枯、死亡，下垂倒挂在茎上。近年该病在广东香蕉产区为害日趋严重，应引起生产上的重视。

香蕉黄条叶斑病多在上部叶片显症。初生时呈现细小、黄绿色病纹，长度<1毫米，逐渐扩展后，形成椭圆形、暗褐色病斑，叶外围黄色晕环。以后病斑中央干枯呈浅灰色，外缘有黑色或深褐色细线，具黄色晕圈。发生严重时，病叶局部或全叶枯死。潮湿条件下，病斑表面可见大量灰色霉状物。受害株如多数叶片染病，则不能抽穗，或抽出的果穗瘦，果指小，果肉变色；如整株失去功能叶片，抽出的果穗常腐烂、折断，整穗脱落，严重减产。黄条叶斑病是香蕉最重要的叶部病害之一，近年该病为害日趋严重。

（2）发病规律

香蕉叶斑病的初侵染源来自田间病叶。春季，越冬病原菌产生大量子囊孢子，伴随风雨传播，每年4—5月初见发病，6—7月高温多雨季节病害盛发，9月后病情加重。发病的严重程度与当年的降水量、雾露天数关系密切；种植密度过大，偏施尿素，排水不良的蕉园发病严重。病菌分生孢子可以靠雨水传播，病原菌靠水源传播对非疫区的检疫工作带来了较大的挑战。及时掌握病害的流行情况，及早做好防病措施，是保证蕉园高产稳产的必要条件。

（3）防治方法

①保持蕉园清洁，清除园内病、残叶，并集中烧毁。

②保证种植密度适宜。矮秆品种3 000株/公顷，中秆品种2 250株/公顷，高秆品种1 800株/公顷。

③在病害发生初期定期喷药，发病轻时15~20天喷1次，发病重时10~12天喷1次，重点保护新叶嫩叶，1年喷药约8次。对黄条叶斑病多采用铜制剂和有机硫类杀菌剂，在控制黑条叶斑病的研究中，多采用甾醇类杀菌剂。

3. 香蕉黑星病

香蕉黑星病是近年来广东香蕉产区普遍发生和日益加重的病害之一。该病对香蕉为害严重，对粉蕉则为害较轻。

（1）症状

香蕉黑星病为害叶片和果实，发病的叶片及中脉产生许多散生或群生的突起小黑斑，直径约1毫米，其周缘淡褐色，中部稍下陷，病斑密集时结成块斑，最后导致叶片枯黄；果实发病时，症状常在断蕾后的2~4周出现，多在果指提弯腹处，严重时全果均有，初期为红棕色、外围暗绿色水晕，随着果实增大，病斑密度增大，严重的扩展至全果，影响果实的外观和耐贮性（图6-4）。

（2）发病规律

病菌以分生孢子器和菌丝体在病株残体上越冬，成为蕉园翌年该病害发生的初侵染源。在春季，分生孢子器成熟时会产生大量分生孢子，分生孢子借助雨水和气流进行传播，在适宜条件下侵染香蕉叶片和果实。

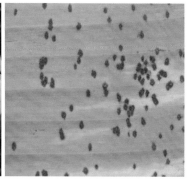

图6-4　香蕉黑星病

（3）防治方法

香蕉黑星病的控制必须采取预防为主、综合防治的策略。

①在生产上主要改善蕉园生态环境，并加强栽培管理，重视病害的监测和预测预防。抓住防治关键时期，合理科学的使用高效、低毒、低残留农药。

②适宜采取隔离保护的措施套袋防病，采用质地较牢固的材料，如蓝色聚乙烯薄膜，套袋上口紧扎在蕉轴的基部，下口打开透气，对黑星病的防护作用可达到85%以上，起到隔离传染的作用明显。

③75%百菌清可湿性粉剂1 000毫克/升对香蕉黑星病的防治效果较好，防效达75%，而且可以促进蕉果颜色艳绿。使用时在断蕾后喷药，约15天喷1次，共喷3次；或者用25%丙环唑乳油1 500倍液、25%施保克乳油800倍液或80%代森锌可湿性粉剂800倍液等。注意在果实成熟后期，用药安全隔离期一般在最后1次用药至香蕉采收的间隔期为25天以上。

4. 香蕉根结线虫病

香蕉根结线虫病是香蕉的重要病害之一。近年来，随着香蕉种植面积不断扩大，育苗种业的发展，田间复种指数增高，导致香蕉根结线虫病普遍发生，发病率一般为 20%~30%，严重的 60% 以上，减产 40%~60%。苗期发病则严重影响出圃率，对香蕉的栽培与生产造成了严重威胁。

（1）症状

感染根结线虫的香蕉地上部初期症状不明显，仅表现为植株矮小，叶柄短而紧束，叶片窄小并黄化。似缺水缺肥状，后期严重者叶片黄化、叶片下垂并抽蕾困难，结出果实瘦小，植株早衰。地下根形成结节状虫瘿（根结），单个或多个根簇生在一起。根尖受害形成瘤状，须根少，严重时根腐烂。根结线虫为害隐蔽，并能诱发其他病原菌为害，对根结线虫所致香蕉的次生病害也值得关注（图6-5）。

图6-5　香蕉根部被根结线虫侵染

（2）发病规律

香蕉根结线虫病是由根结线虫属的多种线虫寄生所致，其中以南方根结线虫和爪哇根结线虫为优势种群，初侵染源来自带病吸芽及带虫土壤，远距离主要靠吸芽传播。香蕉根结线虫的寄主范围很广，除香蕉外还侵染柑橘、西瓜、黄瓜、茄子、番茄和芹菜等多种作物。

（3）防治方法

①翻晒土壤对防治香蕉根结线虫有较好的效果，如在夏季将育苗土壤在太阳光下暴晒干燥后，可较好地防治根结线虫。

②化学药剂杀虫效果较为明显，在香蕉根结线虫防治中占有主导地位。移植时每植穴用 10% 噻唑磷颗粒剂 5~10 克 / 株，混匀土壤和基肥后种植。大田期发病可按每株分别施用 10% 克线丹 40 克或 10% 辛拌磷颗粒剂 50 克。

③种植无病苗，水旱轮作能有效减少土壤中线虫基数。在种植香蕉时，提前 1~2 个月翻耕土壤，把含线虫土层翻至表面，日晒风干，可大量杀死根结线虫，减轻发病。

5. 香蕉束顶病

香蕉束顶病俗名"蕉公""虾蕉"等，是为害香蕉的一种毁灭性病害，发生普遍且严重。

（1）症状

感病植株的叶鞘、叶柄背部处会出现长短不一的深绿色条纹，俗称"青筋"，新长出的叶片，呈现出逐渐变短而窄小，植株矮缩，叶片硬直向上并成束长在一起。病株的老叶颜色比健株的较为黄绿，病株新叶则比健株的较为浓绿，叶片硬而脆，极易折断。在嫩叶上有较多与叶脉平行的淡绿色和深绿色相间的短线状条纹，叶柄和假茎上也有"青筋"。病株上所长出的吸芽比健株多 2~3 倍。种植组培苗的蕉园当年发病较轻，留吸芽的植株第 2~3 年后发病较重，发病率可高达 50%。近抽蕾时才染病的植株，抽出的花蕾多呈直立状，所结果实短而小（图 6-6）。

（2）发病规律

香蕉束顶病毒的传毒介体为香蕉交脉蚜，属半持久性的病毒。在新区和无病区则是以带病吸芽为初次侵染源，随后可由香蕉交脉蚜传毒，不断传播为害。该病毒不能通过机械摩擦及土壤、线虫等传播。蕉苗感染病毒后1~3个月就可发病，发病高峰期和媒介昆虫的发生规律有关。

图6-6　香蕉束顶病

（3）防治方法

①严格选种无病蕉苗，挖除病株，减少传染源。一旦发现病株要立即挖除，并把地下部的球茎挖干净，集中销毁，并防止长出新芽苗。病穴施撒石灰消毒，控制病毒交叉传染。也可用10~15毫升草甘膦原液注射可杀死带病毒的植株。

②药剂防治，防治交脉蚜虫，每年3—5月和8—10月是蚜虫发生高峰期，要严控蚜虫。在植株1.5米高以前应每月喷药1次，选用药剂有40%乐果乳油1 000~1 500倍液、5%鱼藤精乳油1 000~1 500倍液、20%速天杀丁2 500~3 000倍液、5%吡虫啉

乳油 3 000 倍液，在病害发生初期或抽蕾期之前，使用喷雾在结蕾处、心叶、叶柄、叶面、叶背和地上部茎秆 0.5 米范围内，绕茎秆淋施以上药剂 1~1.5 千克，间隔 5~10 天施 1 次，共施 2~3 次，对该病有治疗和保护作用。

6. 香蕉花叶心腐病

（1）症状

香蕉花叶心腐病在病害造成的损失统计中，是仅次于香蕉束顶病的重要香蕉病害。该病有 2 种典型症状，一是花叶，即病株的叶片上出现断断续续的褪绿黄色条纹或梭形圈斑；二是心腐，在嫩叶黄化或出现斑驳状之后，心叶或假茎内部出现水渍状病变，横切假茎病部可见黑褐色块状病斑，假茎中心变黑、腐烂、发臭，顶部叶片有扭曲的倾向。染病幼龄植株的嫩叶上条纹较短小，呈灰黄色或黄绿色，重病株叶鞘松散，很少能抽出果穗，最终导致整株死亡。

（2）发病规律

香蕉花叶心腐病的病源为黄瓜花叶病毒。可通过汁液的摩擦及蚜虫传染，蕉园内病害近距离传播主要靠棉蚜、玉米蚜和桃蚜等传毒虫媒；寄生范围除香蕉、大蕉外，还可侵染葫芦科、茄科、十字花科及一些杂草。主要通过香蕉种苗传播，土壤传病的可能性较小。

该病害的发病特点与香蕉束顶病基本相同。远距离传播则借带病吸芽的调运。温暖而较干燥气候的年份，有利于蚜虫繁殖，往往发病较重。广州地区 5—6 月为病害盛发期。幼株较成株易感病。蕉园及其附近栽植茄科、瓜类作物的园圃较多发病。

（3）防治方法

防治上采取以预防为主，杜绝病源和防止传染的综合防控方法，目前无化学药剂防治。

①加强对香蕉种苗的严格检疫，严禁在病区调运种苗和禁止调

运未经检疫的种苗，封锁病疫区种苗，就地销毁病苗，杜绝病毒的传播蔓延。严禁种植带病种苗，若蕉园发现病株时，应立即将整棵蕉连同吸芽彻底挖除，并集中烧毁和深埋。穴中要撒上石灰、硫黄粉或石硫合剂消毒，晒 3~5 天，方可补种无病健壮蕉苗。

②防控蚜虫，可选用 40% 乐果乳油 1 000~1 500 倍液、5% 吡虫啉乳油 3 000 倍液，每隔 7~10 天喷 1 次。

③防治地下害虫，用 3% 地星颗粒杀虫剂撒施蕉穴防治地下害虫和象鼻虫，保护蕉株，增强植株的抗病能力。

④在蕉园中不可套种茄科、葫芦科作物，如黄瓜、西瓜、茄子、辣椒等感病寄主作物，防止互相传播病毒，再次发病。

⑤加强蕉园的田间水肥管理，增施有机肥和磷钾肥，适时追肥，及时清除园内及园边附近杂草，做好蕉园的排灌，保持畦面干爽、湿润、疏松，促进植株生长。

7. 香蕉炭疽病

（1）症状

香蕉炭疽病是全世界香蕉产区的主要采后病害，在果实黄熟期常造成严重损失。此病害为害植株地上各部，以果实最重。为害青果时，病斑呈长椭圆形，黑褐色，果实上生有许多小黑点，但青果很少受害；熟果上病斑常呈梭形，黑褐色，有时有圆心轮纹，往往中央纵裂，大小（5~20）毫米 ×（3~15）毫米，有些品种病斑小，褐色，俗称"梅花点"。此病可与许多其他病原菌如镰刀菌、轮枝菌等共同引起冠腐病（图 6-7）。

（2）发病规律

本病属真菌性病害，由香蕉刺盘孢菌引起。香蕉炭疽病病菌适宜生长温度为 25~30℃，在果上病害发展最适温度为 32℃。果实被侵染后，在成熟果实的果柄和表皮上出现褐色圆形小斑点，然后逐渐扩展并连结成大斑点，2~3 天内整个果实变黑腐烂，病部上着生许多粉红色黏状物。未成熟的果实病斑明显凹陷，外缘呈水渍状，中部常纵裂，露出果肉。果柄和果轴上的病斑为不规则形，严重时变黑干缩或腐烂，表面着生较多红色小点，即病原物。香蕉炭疽病的初次侵染源是带病的香蕉植株。植株病斑上的分生孢子由风雨或昆虫传播病菌到青果上，在一定湿度的情况下着生于果皮。最初病原菌在果皮内发育得很慢，直至果实将近成熟，特别是成熟后才迅速发育生长，在果上产生病斑，病斑上又产生分生孢子，进行再侵染。

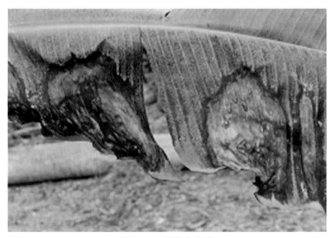

图6-7　香蕉炭疽病

（3）防治方法

①选择高产、优质、无病菌的抗病品种，并加强水肥管理，增强植株生长势，提高植株的抗病力。

②搞好蕉园卫生，及时清除病株、病轴和病果，并在结果初期进行套袋，可减少病菌侵染。

③适时采果，当果实成熟度达七八成时最为适宜，过熟采收易感病。采果以晴天进行为宜，切忌雨天采果。在采果、包装、贮运过程中要尽量减少或避免果皮机械伤。

④从抽蕾开花期开始喷施50%多菌灵可湿性粉剂1 000倍液，

每隔 2~3 周喷药 1 次，连喷 3~4 次。

⑤采后以 50% 多菌灵可湿性粉剂 600~1 000 倍液、45% 特克多 500 倍液浸果 1~2 分钟。

8. 香蕉黑疫病

（1）症状

香蕉黑疫病为害叶片和叶鞘，叶片染病时呈近圆形、椭圆形大小不等的黑色斑，病斑多时互相融合，全叶黑死。叶鞘染病时，生不规则黑色斑，向内扩展，致内部的叶鞘也变黑腐烂（图 6-8）。

图 6-8　香蕉黑疫病

（2）发病规律

病原菌以卵孢子在病部或病残体留在土壤中越冬，条件适宜时侵染致病，通过孢子囊萌发或孢子囊萌发所产生的游动孢子进行再浸染。天气潮湿多雨或排水不良时容易发生。

（3）防治方法

①新建或改建香蕉园要选择不被水淹的地块，做到渠系配套，雨后及时排水，严防排水沟较长时间有水滞留。

②发现病叶及时割除。

③可用70%安瑞克600倍液加80%大生600倍液，每7~10天喷施1次，连喷2~3次。

9. 香蕉冠腐病

（1）症状

香蕉冠腐病为采后的主要病害，是仅次于香蕉炭疽病的病害，发病严重时果腐率达18.3%，轴腐率70%~100%。香蕉采后贮藏7~10天，初期为害果轴，果穗落梳后，蕉梳切口出现白色棉絮状物霉层并开始腐烂，病部继续向果柄发展，呈深褐色，前缘水渍状，暗绿色，蕉指散落；后期果身发病，果皮爆裂，蕉肉僵化，摧熟果皮转黄后食之有淀粉味感，丧失原有风味。蕉农常称为"白霉病"。

（2）发病规律

香蕉去轴分梳以后，切口处留下大面积伤口，成为病原菌的入侵点。香蕉运输过程中，由于长期沿用的传统挑蕉采收、包装、运输等环节常导致果实伤痕累累，在夏秋季采收后北运车厢内高温、高湿，常导致果实大量腐烂。香蕉产地贮藏时，使用聚乙烯袋密封包装虽能延长果实的绿色寿命，但高温、高湿及高二氧化碳等小环境极易诱发冠腐病。雨后采收或采前灌溉的果实也极易发病。成熟度太高的果实在未到达目的地已黄熟，也常引起北运途中大量烂果。

（3）防治方法

①尽量减少贮运环节中的机械损伤，这是预防该病发生的关键。做到搬运轻拿轻放，改竹筐包装为瓦楞纸箱包装。

②雨后2~3天，才能采收果实。为了降低果实含水量，采收前

1 周内不能灌溉。

③采后药剂防腐处理。包装前用 50% 多菌灵可湿性粉剂 600~1 000 倍液浸果 1 分钟。

④枯草芽孢杆菌及滤液对香蕉冠腐病都有很好的防治效果，说明该细菌及其代谢物对香蕉冠腐病均有明显的防治作用。

10. 香蕉黑腐病

（1）症状

香蕉黑腐病发生初期，在蕉园便可出现。多从果柄或果端发病变黑，最终全果变为黑色，密布较密的小黑点，潮湿时病部长出灰绿色菌丝体。果皮革质，果肉腐烂（图6-9）。

图6-9　香蕉黑腐病

（2）发病规律

主要是在果园或采后处理场所侵染，病原菌分生孢子是从伤口侵入的，主要是在蕉梳切口。分生孢子靠雨水、昆虫或人为传播。高二氧化碳低氧的环境条件不利于病害发展，低湿度环境条件发病较严重。

（3）防治方法

①加强栽培管理，培育壮苗，增强抗病性，并注意做好蕉园的卫生管理工作。

②适时采收成熟度适当的果实，采收和处理时小心操作，尽量避免损伤，果梳切口处要立即涂药保护。

③采后浸泡 1.25 克 / 千克二噻农或 1 克 / 千克特克多。处理后的果实迅速贮藏在 13℃ ±1℃ 的低温下。采用 50% 多菌灵可湿性

粉剂、农用高脂膜水乳剂与水三者按 1 ： 5 ： 1 000 比例混合的溶液进行浸果处理，对轴腐和果腐防治效果明显。

虽然贮运期间黑腐病和炭疽病常易混淆，但二者发病季节有所不同，炭疽病主要是在夏秋季高温期发生，而黑腐病则常见于冬春季低温期。

11. 香蕉煤霉病

（1）症状

香蕉煤霉病一般在较老叶片表面形成一种扩散状的灰褐色或橙黄色斑块；在染病叶片上形成浅褐色雀斑，以后叶片逐渐变黄；在叶片展开后 3~4 周，在叶面产生深褐色斑痕，大小（1~5）毫米 × 0.5 毫米，以后斑痕扩大到 30 毫米 × 15 毫米（图 6-10）。各香蕉产区常见。

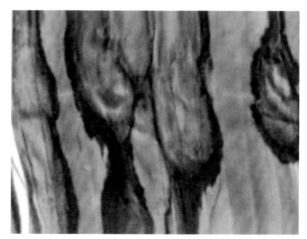

图 6-10　香蕉煤霉病

（2）发病规律

病原菌为香蕉芽枝霉菌，属半知菌亚门暗色孢科芽枝霉属。在 PDA 培养基上菌落开始白色，后转变成黄绿色；分生孢子单孢或双孢，薄壁，浅色，圆柱形、椭圆形或纺锤形，向中间形成收缩，大小（6~22）微米 ×（3~5）微米。

（3）防治方法

①香蕉抽穗后用含有杀虫剂的聚乙烯袋套上果穗，袋口朝下。

②在果穗生育期喷施杀虫剂，防止蚜虫、介壳虫和粉虱取食，以减轻该病发生。

③用于防治黄叶条斑病的杀菌剂，也能控制该病的发生。

12. 香蕉软腐病

（1）症状

香蕉软腐病初期叶片黄化，多从上中部叶片开始，再由下向上发展。球茎、花轴或假茎内部褐色、腐烂，伴有较多腐烂的汁液，部分严重为害植株假茎因腐烂而中空；假茎横切过夜后在横切伤口面上常有奶白色菌浓凝结，腐烂汁液具有明显臭味。植株发病迅速，一般出现症状后，1~2 周内全株发病，最终全株叶片呈灰褐色，干枯倒挂在假茎上而死亡（图 6-11 和图 6-12）。

图 6-11　香蕉软腐病

（2）发病规律

该病主要通过带菌种苗和种苗基质传播至新植蕉区和地块，特别是发病区（疫区）销售的带土杯苗是现今病害传播的一个主要途径。在种植田间，病菌主要通过灌溉水和流水传播，经伤口侵入根系和球茎，因此凡易导致植株根系和球茎损伤的农事操作，以及地下害虫多、线虫多的田间，病害发生严重。主要在广州、湛江和深圳等地发生，发病较少，为害轻。

图6-12　香蕉软腐病球茎染病

（3）防治方法

①收蕉或在贮藏前的一系列操作中应避免蕉果受伤。

②由于种苗及种苗基质可以携带病菌，因此实行检疫、利用无土栽培方法培育无病种苗是阻止病菌远距离传播的关键。特别是发病区销售的香蕉二级杯苗要慎用。

③前一年发病重的地块，要实行一年以上轮作或种植抗病性较强的香蕉品种，以减轻该病害造成的为害。

④深沟高垄种植，最好实行滴灌或喷灌，不漫灌，可防止该病菌通过土壤、灌溉水传播。

⑤合理平衡施肥，增施有机肥，提高植株抗病性。

⑥初期发现病株要及时挖除销毁，不要留在田间地头，并对病穴施药杀菌。

⑦田间出现中心病株后，要及时使用药剂防治。不要过量使用植物生长调节剂，以免造成裂果。较为有效的药剂主要包括抗生素类和铜制剂类农药。除喷雾外，还需要灌根。值得注意的是，铜制剂易在香蕉上产生药害，因此需要注意铜制剂类农药的使用浓度不

要太高，要严格按使用说明书执行。

13. 香蕉细菌性心腐病

（1）症状

香蕉细菌性心腐病主要为害香蕉心叶。被害心叶初呈不定型褐色小斑，后逐渐扩大为横径 3~5 厘米不定型褐斑，斑外隐约可见黄色晕圈。

（2）发病规律

以菌体在病株和病残体上越冬，当环境适宜时，借风雨传播，从伤口侵入为害。一般 3 月开始出现症状，4—6 月为发病高峰，11 月后病害停息。秋季和冬春季气温高、雨水少、香蕉交脉蚜发生多的年份发病重；偏施氮肥的蕉园发病也重；矮脚顿地雷或高脚顿地雷较多发病；大蕉和粉蕉未见发病。该病常伴随香蕉病毒性花叶心腐病发生，潜育期在 25~28℃时约为 3~5 天。广东高州该病发病较多。

（3）防治方法

①加强果园管理。合理施肥灌水，增强树势，提高树体抗病力，及时清除果园病残枝，并集体烧毁。

②高温时用稻草覆盖地表，以免灼伤基部。可在病株周围撒石灰消毒。

③当田间发病时，注意劳动工具的合理使用，适当消毒。

④发病初期使用药剂 90% 链·土霉素可湿性粉剂 2 000 倍液、40% 三乙膦酸铝可湿性粉剂 40~80 倍液、72% 农用链霉素可湿性粉剂 2 000 倍液、克菌宝 800 倍液、20% 菌立清 800 倍液 +3% 中生菌素可湿性粉剂 1 000 倍液或 77% 硫酸铜钙可湿性粉剂 600 倍液 +90% 新植霉素可湿性粉剂 2 500 倍液灌根，或用欧保（中生菌素 + 噻霉酮 +1.4% 复硝酚钠）800 倍液喷施。

⑤使用农药杀虫剂、杀菌剂必须配合新高脂膜一起使用，提高防治效果，减少农药用量，提高生态价值。

14. 香蕉细菌性叶斑病

（1）症状

受害叶片卷曲、干枯，植株矮缩，果穗变小。

（2）发病规律

香蕉细菌性叶斑病由细菌引起，湿度较高时发生，病情发展快，周年可出现，但在风雨季发病最严重。此菌可侵害食用的三倍体类型的一切香蕉品种和野生蕉。主要分布于台湾。

（3）防治方法

需用中生菌素、铜制剂、春雷霉素、乙蒜素等杀细菌剂进行防治。

15. 香蕉鞘腐病

（1）症状

发病初期，在香蕉叶鞘上产生水渍状病斑，随着病害的发展，病斑逐渐扩大至整片叶鞘，感病的叶鞘后期变黑，而叶鞘所连的叶片则先由黄化转至干枯，感病较重的植株，整个假茎均腐烂，导致植株死亡。

（2）发病规律

该病病菌借助分生孢子，经雨水、农具、病苗进行传播，病菌主要从伤口侵入，高温多雨季节易导致该病流行，因此，每年5—8月为该病高发期。

（3）防治方法

①引进香蕉种苗时须加强检疫、多观察，对于感病的蕉苗一定杜绝引进。

②加强虫害防治，减少虫伤口，在农田耕作时，注意尽量不要碰伤蕉株。

③发现病蕉株，感病较轻的要先割去感病部分，然后喷药；感病较重的蕉株要整株砍掉，移出蕉园做无害化处理；切割病株的农

具不要再在其他健康植株或蕉园使用，以防交叉感染。

④多雨季节要及时排涝，预防蕉园湿度过大加重病害发生。发生过病害的蕉园，翌年若继续种植香蕉，种植前需用生石灰粉全园消毒一次。

⑤发病蕉株可用25%咪鲜胺乳油600~800倍液、53%精甲霜灵·代森锰锌600~800倍液及铜制剂、春雷霉素、乙蒜素全园喷雾，喷药时感病植株、部位一定要喷洒均匀，每隔7天喷1次，连喷2次才有效果。

（二）主要虫害及其防治

1. 香蕉交脉蚜

（1）为害

又称蕉蚜、黑蚜（图6-13）。刺吸为害香蕉植株，使其生长势受影响，更严重的是吸食病株汁液后传播香蕉束顶病和花叶心腐病，对香蕉生产有很大危害性（图6-14）。

图6-13　交脉蚜

图 6-14　香蕉被交脉蚜侵染

（2）防治方法

①栽植无病毒地区并经检疫的种苗。

②蕉园若发现染病植株，立即喷洒杀虫剂，并将带病株及其吸芽彻底挖除，以免无毒蚜虫再吸食毒汁而传播。

③在病毒病发生地区，可喷洒 5% 鱼藤酮乳油 1 500 倍液、10% 吡虫啉可湿性粉剂 3 000~4 000 倍液、40% 乐果乳油 1 000~1 500 倍液、50% 抗蚜威可湿性粉剂 1 000~1 200 倍液、2.5% 溴菊酯乳油 2 500~5 000 倍液、40% 毒死蜱乳油 1 000~2 000 倍液、20% 丁硫克百威（好年冬）1 000 倍液及硫酸烟碱 800~1 000 倍液进行防治。

2. 香蕉根茎象甲

（1）为害

又称香蕉象鼻虫、香蕉黑带象甲（图 6-15）。主要蛀食假茎、叶柄、花轴、球茎，为害极大。以幼虫钻蛀香蕉假茎为害，蛀道纵横交错，从而引致茎部腐烂，造成整株折倒死亡，也是台风折断香蕉的重要原因。每年 4—5 月和 9—10 月是成虫发生的 2 个高峰期。

113

图 6-15　香蕉根茎象甲

（2）防治方法

①在傍晚，用甲维盐、氯虫苯甲酰氨基、阿克泰、烯啶虫胺等杀虫剂喷洒假茎，毒杀成虫。

②新蕉园禁止有虫蕉苗带入，防止虫源传播。

③收果后的残株及时埋沤，杀死茎内的虫。

④结合清园，剥除假茎外层的叶鞘，集中处理，可杀死部分卵粒，同时即时捕捉叶鞘内的成虫。

⑤ 11 月底和翌年 4 月初为幼虫发生的高峰期，需用药毒杀。可选用 3% 呋喃丹、3% 米乐尔、20% 益舒宝 3 种颗粒剂，按每株 10 克施于蕉根；或用 80% 敌敌畏、40.8% 乐斯本、40% 乙酰甲胺磷 1 000 倍液灌注于上部叶柄内，每株 150~200 毫升。

3. 香蕉弄蝶

（1）为害

以老熟幼虫在虫苞内越冬。成虫在清晨和傍晚活动，阴天可白天活动，取食花蜜，在蕉叶的正反面和叶柄处产卵。孵化的幼虫初爬到叶边缘取食，后吐丝将叶卷成筒状，幼虫从叶苞上端与叶片相连的开口处，伸出体前部向下取食，边食边卷，加大叶苞。虫体长大后迁离原处，重新卷结叶苞，并在叶苞内壁结丝化蛹。一只幼虫可为害半片叶。

（2）防治方法

①清除蕉园，冬季或春季回暖时清园，把枯叶剥除集中烧毁，以杀死潜藏在苞内的幼虫或蛹，减少虫源。

②经常检查，摘除悬挂在蕉株叶片上发现的虫苞。

③药物喷杀，可选用氯氰·毒死蜱、毒死蜱或高效氯氟氰菊酯喷杀初龄幼虫。

④保护天敌赤眼蜂、小茧蜂，喷药防治第三、第四代幼虫，可用甲维盐、氯虫苯甲酰胺喷雾防治。

4. 香蕉花蓟马

（1）为害

终年发生，虫体极小（图6-16）。主要为害花蕾苞内的子房和小果，造成小黑点状伤痕，随着蕉果的膨大，斑点也逐渐增大，影响果实外观（图6-17）。

图6-16　香蕉花蓟马成虫　　　图6-17　香蕉花蓟马对果实的为害

（2）防治方法

防治时，应在香蕉抽蕾后，用吡虫啉杀虫剂，均匀喷洒 1 次在香蕉的叶片、叶柄、假茎及花蕾处。花蕾苞片开始张开时，每隔 5~7 天喷药 1 次，直至香蕉断蕾。断蕾后结合其他病害防治再喷 1~2 次。

5. 红蜘蛛

（1）为害

主要为害蕉叶，引起叶片早衰、枯干，发生较为普遍。若虫、成虫均吸食叶片的汁液，多在叶背面活动，为害老叶片为主，被害叶片部分细胞变为红褐色，多沿叶脉或支脉发生，受害部位首先在叶背褪绿转黄，严重时叶片正面也呈淡黄色，影响生长和光合作用。华南香蕉产区该虫在 8—10 月繁殖迅速，种群数量大。

（2）防治方法

在发生季节，用氯氰 · 毒死蜱与哒螨灵一起混用兼治蚜虫、斜纹夜蛾，不仅安全，且效果好。

6. 冠网蝽

（1）为害

又称军配甲，以成虫及若虫在香蕉中下部叶片背面吸食汁液，吸食点呈淡黄色斑点，为害重时叶片呈黯淡灰黄色，严重影响光合作用，可导致叶片局部发黄以至全叶枯死。世代重叠，无明显越冬期。成虫在低温（＜ 15℃）多静伏不动。降水量多少对其没有明显影响，但暴风雨可使其数量减少。雨水少的干旱年份、季节繁殖快，为害猖獗。

（2）防治方法

①保持蕉园清洁卫生，冬季清园，收集枯叶、落叶，拔除受害植株，铲除杂草，集中销毁，以减少虫源。

②及时喷洒药剂防治，在若虫低龄期喷雾。药剂可选用氯

氰·毒死蜱、敌敌畏或敌百虫等。

7. 斜纹夜蛾

（1）为害

幼虫孵化时多在早上，初孵群集，2龄后分散取食，白天多栖息于叶背或土壤缝隙中，夜间取食，午夜后活动最盛。成虫白天静伏叶背，夜间飞行，飞翔力强，有趋光性，产卵于叶片（图6-18）。

图6-18　斜纹夜蛾

（2）防治方法

①搞好蕉园清洁卫生，冬季清园，收集枯叶、落叶，拔除受害植株，铲除杂草，集中销毁，以减少虫源。

②及时喷洒药剂防治。控制在若虫低龄期喷雾。药剂可选用氯氰·毒死蜱、敌敌畏或敌百虫等。

8. 叶甲

（1）为害

在蕉园中常以单个或群集为害，是香蕉上新发现的一种害虫，该虫主要为害香蕉的嫩叶和幼果，在叶片和蕉果表皮上形成虫斑，严重影响香蕉果实的外观品质和商品价值（图6-19）。

（2）防治方法

在发生季节，用毒死蜱与阿维菌素一起混用，不仅安全，且效果好。

图6-19　叶甲

七、香蕉采收和商品化处理

（一）采　　收

1. 采收时期

香蕉属于后熟型水果，不能等到黄熟时才采收。香蕉采收成熟度决定了香蕉的品质，香蕉过早采收导致香蕉品质差，不宜催熟；过晚采收会导致香蕉裂果，保鲜时间短，造成香蕉的浪费。因此，在香蕉销售和深加工过程中，选择合适的收获时间很重要（图7-1）。应根据不同地区、不同采收季节、运输时间长短和贮运条件来确定香蕉的适宜采收成熟度。夏秋季采收、贮运时间长或常温运输时，采收成熟度要相对低。但果实浓绿色，棱角明显高出，果面仍凹陷，不宜采；果色青绿色至浅绿色，棱角较明显，果身圆满，横切面果肉白色至果肉中心微黄，成熟度80%左右，适宜较远距离和较长时间贮运；果色退至黄绿色，基本无棱角，成熟度

图 7-1　不同采收成熟度

90%左右，横切面果肉大部分变黄色，接近完全成熟，适宜近距离、短时间贮运，而此时采收的香蕉品质更好。因此，砍蕉前需要确定好香蕉的成熟度，一般可以根据出蕾日期或套袋时候所设置的标记来寻找蕉串，同时结合果实饱满度来判断。

2. 砍蕉

（1）人工砍蕉

采收技术的好坏直接影响香蕉果实采收过程中的损伤程度。为追求好的采后品质，砍蕉前可以为香蕉垫把，即解开香蕉串所套的袋子后，用珍珠棉或者牛皮纸把各果梳隔开，避免了采后运输途中果梳间相互挤压造成机械伤害。香蕉采收必须选择晴天进行，砍取香蕉果穗需2~3人完成，割一片完整的蕉叶，平铺在地面上，然后一手抓果轴，另一手用刀割断果轴，将果穗轻放在蕉叶上。如果是高秆香蕉，则需2人配合操作，一人先用刀把假茎砍伤，使树连果穗向一边斜倒，另一人接果穗，待第一个人把轴割断后，即将果穗

图7-2 人工砍蕉

轻放在地上。采收时要轻拿轻放，防止损伤果实，因果实损伤后，会引起腐烂变质（图7-2）。

（2）机械砍蕉

香蕉采收机械装备主要有2种类型：轻简型辅助人工采收装备和智能采收机械手。

轻简型辅助人工采收装备需要人工操作，辅助人工进行香蕉果串剪切作业及香蕉果串接收作业，虽然一定程度上降低了劳动强度，但仍需要人工作业，且设备的柔性化程度低，香蕉机械损伤率较高。

智能采收机械手智能化程度高，作业精准率高，不需要人工辅助即可完成香蕉果串的剪切作业，具有较好的应用前景。但是香蕉果串质量较大，机械手剪切后的夹持和转移作业不易实现自动化柔性作业，限制了采收机械手的推广使用。在国外，香蕉采后的所有处理环节都已实现了机械化操作，并形成一条完整的采后商品化处理生产线，有效提高了香蕉的生产质量和生产效率。西澳大利亚州农业部研制出一种能采摘香蕉的机械，该机械通过一个可自由收缩的液压臂把机械手送到合适位置，由切割机构切断香蕉，抓取香蕉串放入位于机械手末端的斗装容器中，并放置在由一部微型拖拉机驱动并牵引的拖车上。

我国也开始逐步推行机械化生产，在采收和运输环节上取得了不少的突破。广西大学研制了一种简易的人工砍蕉机械辅助装置，该装置的机架上安装有立柱和由外端连接手轮的蜗轮蜗杆传动机构，立柱上段有防止蕉轴前后滑移的支撑挡板和保证蕉穗自动对中的U形护栏；下段固定有蜗轮和齿条，两者通过铰链和锁扣进行链接。海南大学设计了一种香蕉采摘机械，整机为一台配备有拖车和运蕉吊索机构的微型拖拉机，采摘部分由液压电动机驱动的切割装置和液压缸驱动的夹紧装置构成，通过驱动杆的升降和旋转把切割后的香蕉串放置在拖车上。

（3）果穗运输

香蕉运送方式主要有人工挑或背、车载运送和索道运输 3 种。

人工挑是直接用扁担等工具将香蕉果穗挑到指定地点，该方式运输香蕉果实易受伤，因此，肩挑香蕉过程中，应保留套袋材料，直至脱梳前再除去为好（图 7-3）。人工背是将砍下的香蕉果穗轴上端放入山地专用背架的圆盘内，香蕉与背架接触之处均垫海绵，背架与人体接触的一面，固定一块矩形海绵，由一人将背带挎到双肩，在蕉园中运输香蕉果穗到指定地点。人工挑或背的方式劳动强度大，效率低，在劳动力成本越来越紧缺的趋势下，机械化或半机械化运输显得尤为迫切。

图 7-3　人工挑蕉

车载运送包括轮背车、摩托车和拖拉机等。轮背车和摩托车运蕉是在车上铺上海绵垫作保护，运送至采后商品化处理车间。拖拉机运蕉是把收割下的蕉穗吊挂在拖拉机上运回处理车间，这些车载式的运输方式在我国广东、海南较为常见。运蕉车在行驶过程中的振动对于香蕉的机械损伤影响不大。澳大利亚、菲律宾等国家蕉农用采收车进行收获，澳大利亚蕉园里的采收车甚至可以在每棵香蕉树下进行采摘。华南农业大学设计了一种运蕉车，整车采用 L 型车架设计，果穗直立式装载，果柄承受自重，试验效果良好。

　　索道运输是根据山地蕉园的台地走向，呈放射状或者矩形网状的方式安装数条连续的空中索道，滑车在索道上运载香蕉至指定点（图 7-4）。云南顺兴香蕉基地开挖宽 2 米的等高线平台，每 20 行（种植行）设 1 条采收索道，以钢管为拱架材料，将拱架底部固定在地下，拱架高约 2.2 米、底宽约 1.5 米，拱架直线跨度为 3

图 7-4　索道运输

米，转弯处为 2.5 米，多个拱架连接形成采收索道，将香蕉果穗轴下端绑绳子，索道上每个滑轮可以挂一串果穗，每串果穗之间用连杆相连，可以保持每串香蕉之间的距离，避免相互擦伤。采用人工牵引，使挂有香蕉果穗的滑轮在轨道上滑行至指定地点。华南农业大学研制的电动蕉园货运系统，牵引滑车和滑轮挂钩组均设在导轨上，中间由连接杆连接，通过滑车牵引挂有香蕉果穗的滑轮挂钩组在轨道上行进，完成香蕉的无损输送。

（二）商品化处理

1. 采后处理技术

（1）去轴落梳

将运到处理场的香蕉放置于落梳架或地面铺设的干净软垫上，去轴落梳时用月牙形锋利落梳刀纵切，尽可能减小切口面积。中国热带农业科学院海口实验站设计了一种新型落梳刀，采用 S 形刀柄及半弧形刀体，增加了操作者手与刀之间的操作空间，避免了落梳时手与果轴之间的摩擦，保证了落梳刀落梳时的稳定性，提高了落梳效率。远销梳蕉一般不带轴，近销或短途运输采用整条果穗蕉，因为用整条果穗蕉伤口小，发病面积小。同时应顺便剔除有严重病虫害或机械伤的果实，这些不健康果容易腐烂，产生大量乙烯，促成一起贮运的香蕉早成熟（图 7-5）。

目前国内在落梳环节机械化处于起步阶段，对比人工手动落梳方法，一般机械化落梳方法有不去轴落梳、回转砍切式去轴落梳、回转锯切式去轴落梳、无冲击插切式去轴落梳和有冲击插切式去轴落梳 5 种。香蕉机械化落梳过程中存在适应性差的问题，华南农业大学设计了基于恒力机构的可自适应环抱蕉茎插切式香蕉落梳装置，切口质量良好，该装置设计合理且满足实际落梳工作的要求。

图7-5　香蕉脱梳

（2）修整与清洗

在果实清洗前，抹去果指上的残花，对超大型蕉梳进行分割，同时剔除畸形、病虫害、损伤或成熟度不一致的果实，并对切口进行修整。用半月形切刀，对梳蕉柄切口处进行小心修整，重新切新，以防原切口带病菌，影响贮藏效果。经修整的切口要平整光滑，不能留有尖角和纤维须，防止在贮运时尖角刺伤蕉果和病菌从纤维侵入。在清水、0.1%~0.5%次氯酸钠溶液或0.1%~0.2%明矾溶液中清洗，去除果胶、残留物等（图7-6）。

目前香蕉清洗也可部分机械化，即落梳后的香蕉放入含有0.1%~0.2%明矾水或漂白粉的低压循环喷水池中进行清洗和修把，再用低压循环喷水进行2次清洗，接着通过自动喷洒装置对香蕉进行消毒保鲜。西澳自动化设备有限公司制作的香蕉喷淋清洗设备配合索道进行不下架清洗，机身采用合金和不锈钢制成，容量大，清

图 7-6 香蕉采后清洗

洗速度快。

（3）防腐保鲜处理

香蕉在贮运与后熟过程中，炭疽病、黑星病等采后病害的发生常引起果实大量腐烂变质，采后如果不重视防腐处理，容易造成严重损失。

防腐保鲜处理可用 45% 咪鲜胺水乳剂 450~900 倍液、50% 咪鲜胺锰盐可湿性粉剂 500~1 000 倍液等浸果 1~3 分钟，或喷洒扑海因 500 倍液、特克多 500 倍液、施保克 1 500 倍液等杀菌剂对果梳进行保鲜处理，两两混用如扑海因与特克多、扑海因与施保克，效果更佳。处理后，香蕉果稍沥干即可包装、运输。

（4）包装技术

目前普遍利用纸箱包装，纸箱包装具有保护性能好、容易搬运、好堆放等特点。香蕉贮运一般采用耐压、耐湿的纸箱，包装容量一般为 10~15 千克。将内包装打开放在纸箱中，内包装使用 0.01 毫米的聚乙烯薄膜袋包装，装箱时果梳之间要垫珍珠棉片，防止果梳在搬运和运输过程中颠簸造成损伤。聚乙烯薄膜袋内底层放一层吸水纸，并在袋内添加入一定量的乙烯吸收剂（如含饱和的高锰酸钾的蛭石、珍珠岩等）或乙烯抑制剂（如 1-MCP 等）去除乙烯，抽真空至包装袋紧贴香蕉果面，扎口密封，再把纸盒封好（图 7-7）。

图 7-7　香蕉包装

2.贮运技术

（1）常温贮运技术

在缺乏冷藏设备或气温相对低的条件下可采用常温贮运。目前常温运输很常见，一般结合聚乙烯薄膜袋包装密封进行，这样有一定的气调作用，可延缓贮运香蕉衰老（图 7-8）。

图 7-8　常温运输

香蕉采收后，需要及时散热，贮运环境必须阴凉、通风良好，果实堆砌时地面设搁板，每垛排列整齐，留通风道，以便通风换气，降低垛内因自身呼吸产生的热量。

夏季长途常温运输时，则应在包装箱内放入乙烯吸收剂，以降低乙烯释放量。而在冷凉季节特别是气温低于12℃时则需盖塑料薄膜、草帘，关好门窗保温，但必须定时通风，以免二氧化碳伤害。运输时同样注意车厢的通风换气和保温问题，另外，要做好防晒、防雨、防寒和防冻工作。

（2）低温贮运技术

为保持香蕉较好的品质，最好采用低温贮运。香蕉适宜的低温贮藏温度为13~15℃，低于12℃容易造成冷害，最适宜的相对湿度为90%~95%（图7-9）。包装好的香蕉应在13~15℃的保鲜库进行预冷24小时为宜，使香蕉内外温度达到一致，一方面可以降低香蕉本身的呼吸强度，有利于贮藏保鲜，减少损耗；另一方面有利于后熟（或催熟）时能均匀着色。

香蕉冷藏期间另一个关键措施就是通风换气，因为极微量的乙烯存在就足以使贮藏的香蕉在短时间内黄熟，因此要注意经常通风

图7-9　低温贮藏

换气，降低乙烯浓度。冷库干燥时，可用淋湿、喷雾等方法提高湿度。

冷藏车车厢内货物排列要整齐，避免纸箱间相互碰撞，运抵销售地后要及时卸车，装入冷库，避免常温放置时间过长，因为从低温贮藏到常温贮藏，容易造成香蕉果实迅速衰老腐烂，失去商品性。

（3）气调贮运技术

贮藏环境中氧气含量低、二氧化碳含量高，可使香蕉的呼吸作用受到明显的抑制，使呼吸高峰出现的时间推迟，延缓香蕉的成熟、衰老进程。

目前香蕉气调贮藏中应用最为广泛的有机械气调库贮藏和自发气调包装贮藏2种方式。香蕉果实用聚乙烯薄膜袋密封包装，利用其自身呼吸作用过程中消耗氧气、放出二氧化碳来达到自发气调的目的，但注意每只薄膜袋内放置的香蕉果实一般不宜超过10千克，否则容易发生二氧化碳中毒。采用人工气调时，香蕉适宜的气体比例为2%~4%氧气、3%~5%二氧化碳，同时结合使用乙烯吸收剂（抑制剂）技术，可延长贮藏时间2~4倍。

（4）涂膜处理

涂膜通常是以一些生物大分子物质作为成膜剂，采用涂布或喷洒的方法，在果实表面形成一层具有选择透过性的弹性薄膜，来隔绝果实与外界的接触。涂膜的作用相当于一个小型气调功能，它能阻止气体交换，又起到保持果实水分的作用，同时可防止微生物的入侵，从而延缓果实衰老，达到保鲜的效果，提高果实商品价值。

香蕉涂膜剂应用较多的是脂肪酸蔗糖脂，使用1%~2%蔗糖脂与1%特克多处理香蕉后，香蕉的贮藏期可达25天。壳聚糖涂膜也较常见，壳聚糖涂膜处理香蕉，能推迟香蕉呼吸高峰的出现，抑制乙烯的形成和释放，延缓香蕉失水速率，降低叶绿素的分解速度，抑制淀粉含量的下降，保持香蕉硬度，减少病虫害的发生率，可显著延长香蕉的贮藏时间。

3. 催熟技术

香蕉的催熟过程中，贮藏温度、湿度及乙烯处理浓度的选择是决定催熟是否成功的关键。温度超过23℃，香蕉果肉早于果皮后熟，果肉软，品质差，果皮颜色暗淡，呈灰绿色，甚至出现青皮熟。而在14~20℃催熟，果皮金黄色，但果肉较硬，风味差，需在20~25℃放1~2天才可转为正常风味。湿度的高低可影响香蕉果皮颜色、新鲜度和货架期等贮藏指标。湿度高，果皮易开裂，且易脱梳；湿度低，易失水，果皮色泽暗淡，伤斑更显突出。在果皮转色前，相对湿度为90%~95%，而转微黄后，湿度降为70%~75%为适宜的催熟湿度。

乙烯是香蕉成熟过程中产生的催熟气体，外源乙烯加速香蕉果实后熟。催熟时打开香蕉包装袋，喷300~500毫摩尔/升的乙烯利溶液再将袋口稍折，48小时后打开袋口，使香蕉在较低湿度下转色后熟，成熟后品质更好。也可用乙烯气体催熟，做法是将香蕉送进密闭室后，乙烯气体的用量是催熟室体积的1/1 000，乙烯气体可分2~3次通入催熟室，密闭24小时后，开门换气一次。催熟室的温度保持在20~25℃，催熟后的香蕉色泽均匀美观。

参 考 文 献

纪旺盛，陈清西，2004．香蕉无公害高效栽培［M］．北京：金盾出版社．

金志强，2006．香蕉果实生长发育的生理学与分子生物学［M］．北京：中国农业大学出版社．

邝瑞彬，魏岳荣，邓贵明，等，2016．香蕉高效组培快繁技术的研究［J］．果树学报，33（10）：1315-1320．

李强，付步礼，邱海燕，等，2018．滴灌施药技术防治香蕉黄胸蓟马应用展望［J］．农学学报，8（4）：14-18．

刘嘉龙，李君，杨洲，2014．香蕉采后处理装备的发展现状［J］．农机化研究（11）：249-252．

罗立娜，李绍鹏，吴凡，等，2018．隶属函数法筛选多效唑对香蕉除芽促长效果的最佳剂量［J］．分子植物育种，12（16）：4079-4085．

农业部种业管理司，等，2011．香蕉标准园生产技术［M］．北京：中国农业出版社．

王勇，温书恒，武展，2012．香蕉采后保鲜技术流程概述［J］．中国南方果树，41（4）：119-121．

吴伟怀，郑肖兰，郑服丛，2007．香蕉组培苗变异的原因、防止及其利用研究综述［J］．中国南方果树，36（4）：31-34．

杨苞梅，姚丽贤，李国良，等，2009．不同氮钾肥配比对香蕉生长的影响［J］．广东农业科学（4）：37-39．

杨护，黄秉智，许林兵，2008．香蕉生产实用技术［M］．广州：广东科技出版社．

杨启华，2017. 香蕉"少耕法"栽培技术［J］. 福建热作科技，42（1）：53-54.

钟谋，2018. 无公害香蕉主要病虫害防治技术要点［J］. 南方农业，12（5）：18-19.

邹冬梅，李敏，高兆银，等，2018. 香蕉采收及贮运保鲜技术［J］. 中国热带农业（2）：76-77.